金 凡 性
Boumsoung Kim

紫外線の社会史

――見えざる光が照らす日本

Eurus
Notus
Zephyrus

岩波新書
1835

目　次

目　次

序章　見えないモノの歴史

本書は、やや変則的な歴史書である。歴史書ではあるが、主人公はモノである。しかも、そのモノは目に見えない。さらに、目に見えない〈光〉なのである。そして、この見えざる光が、近現代日本社会の一断面を明らかにしてくれるだろうと筆者は期待しているのである。

紫外線とそのイメージの変遷

紫外線。読者の皆さんは紫外線(ultraviolet radiation, UV)に対してどのようなイメージをお持ちなのだろうか。感染症などの問題と関連して、紫外線消毒が注目される場面もあるかもしれないが、一方で夏を迎える時期になると「UVカット」のように「日焼け防止」をアピールする広告が増える傾向も見られる。SPF(Sun Protection Factor 紫外線防御指数)やPA(Protection grade of UVA UVA防止効果指数)といった日焼け止めの指標についてご存じの読者も少なくないだろう。紫外線は〈美容の敵〉、さらには皮膚がんの原因ともされ、気象庁は「紫外線情報」

を日常的に提供しつつ、紫外線対策も呼びかけている。

ところで、紫外線は美容や健康だけでなく、環境問題との関連でも注目されている。環境省の「紫外線環境保健マニュアル二〇一五」では、紫外線をさえぎって地球上の生命を守っているオゾン層が、フロンによって破壊されたことが問題として指摘されている。またこの「マニュアル」では、紫外線とビタミンDとの関係などに言及する一方で、紫外線による「DNAへのダメージ」や白内障などとの関連も紹介されており、「紫外線から身を守る仕組み」としてメラニン色素などについても説明している。さらに最近は、海洋プラスチックごみの問題を悪化させる要因の一つとして紫外線が取り上げられることもある(「海洋プラスチックごみ　実効性ある対策を」NHK解説アーカイブス)。

『広辞苑(第七版)』では、紫外線について「スペクトルが紫色の外側に現れる電磁波。太陽光中にあるが、眼には感じない。波長は可視光線より短く、X線より長い一~四〇〇ナノメートルの間」と説明しつつ、「日焼けの原因となり、癌《がん》や皮膚の老化を誘発する。また、蛍光灯や殺菌などに利用」と紹介している。健康に対してはリスクが強調されているといえる。

このように、近年は紫外線に対するネガティブなイメージが強いのではないかと思われる。太陽光線とは、日常生活と密接な関係がある身近な存在であるにもかかわらず、環境問題との関係が指摘され、発がん性があるともいわれ、どちらかというと避けたい存在になっているのではないだろうか。

しかし、かつては紫外線に対するイメージが現在とはかなり異なっていた。たとえば一九六六年に刊行された平凡社編『国民百科事典（第二版）』の「紫外線」という項目をみると、「皮膚に含まれるプロビタミンDは紫外線の作用でビタミンDに変わる。この物質は体内にカルシウムを沈着する作用をもつから、日光浴は骨の発育に有効である」と、日光浴の健康効果が強調されている。さらに、「紫外線療法」の項目では、その適応症として、くる病、神経痛、筋肉リウマチ、関節リウマチ、円形脱毛症、X線潰瘍《かいよう》、関節結核、骨結核、皮膚結核、結核性腹膜炎などが挙げられている。一九六〇年代半ばの時点で刊行されたこの百科事典では、紫外線は発育に有益な存在として、そして様々な疾病を治療してくれる存在として描かれていたのである。

同時代の教科書にも目を通してみよう。たとえば翌一九六七年の教科書『食物Ｉ（改訂版）』（実教出版）では、「ビタミンDは、体内でカルシウムとりんから骨がつくられるときに必要」であり、不足すると「くる病などを起こす」が、「人体が日光に当たれば、皮膚内で紫外線の作用によって、（中略）ビタミンDが生成される」と説明している。紫外線は、ビタミンDという栄養素との関係で、その有益性が強調されていたのである。

その二年後の教科書『中学校新しい保健体育(改訂版)』でも、ビタミンDの不足による病気としてくる病に言及し、「環境衛生」と関連づけて、「自動車の排気ガスやじんあいなどで空気がよごれてくると」、「日光の紫外線もそれに吸収されて不足するので、健康に悪い影響をあたえる」と説明している。ここでは、〈オゾン層破壊という環境問題によって、健康に有害な紫外線を浴びせられている〉という現代の認識とは逆に、〈大気汚染という環境問題によって健康に有益な紫外線を浴びられずにいる〉ということが問題視されていたのである。

このように、かつては百科事典や教科書においても、健康に対する紫外線の必要性が注目されていたのであり、それは当時の科学的な〈常識〉だったのである。なお、同様の意味で、本書に登場する様々な「研究成果」が、現在も「正しい」と認められているとは限らないことに、ぜひ注意していただきたい。

それでは、本書では昔の誤った知識に取って代わり、正しい知識が登場してきた経緯を取り扱うのだろうか。実は、事情はやや複雑である。筆者が属している科学史という学問分野は、もともと「正しい」知識の形成過程を研究の対象としていたが、近年は科学活動を取り巻く社会的・文化的な環境に焦点を当てた研究が増えており、現在のわれわれが「正しい」としている知識をその他の知識に比べて特権化はしない。言い換えると、右記のように一九六〇年代の百科事典や教科書で紹介されていた内容は、当時の社会的な文脈においては最善の知識だったはずであり、現在のわれわれが当時の百科事典や教科書を執筆していた専門家たちより〈偉い〉わけではないのだ。

また、紫外線や日光に対する認識や行動は、科学的な判断だけで決まるわけではない。二〇一九年五月二二日付の『毎日新聞』では、原田義昭環境相(当時)が夏の熱中症対策として日傘を差すように呼びかけており、環境省は「男性も活用してほしい」と訴えていると報じられている。さらに記事はこう続く。

〔日傘は〕紫外線予防で女性が差すイメージが強く、「男性には日傘の文化が伝わっていない」(原田環境相)とも言われるが、環境省の担当者は「おしゃれな若者が日傘を差す『日傘男子』という言葉も定着しつつある。男女を問わず、普及を目指したい」と意気込む。

(「『男性も日傘を』熱中症対策　環境相呼びかけ」)

この記事からは、紫外線に対する態度がジェンダーフリーなのではなく、社会的な観念に対してニュートラルではないことが分かる。したがって、紫外線に対する認識と行動を理解するためには、自然科学が提供してくれる答えだけでは十分ではない、ということになる。

三層の境界

ところで、太陽紫外線が人体に到達するまでは、以下のような三層の天然・人工の境界を通過することになる（金　二〇〇七）。

①地球の「衣服」

まず、太陽からの紫外線の多くは大気に吸収されることになり、これが紫外線に対する〈第一の境界〉となる。そのためか、オゾン層を「地球の皮膚」（佐藤悦久　一九九九）、さらには「地球の保護服」（市橋　一九九九）にたとえる表現も見られる。興味深いことに、衣服は以下で述べる第二の境界、皮膚は第三の境界に該当する。

②人工的な衣・住環境

人類のほとんどは人工的な空間の中に居住しており、さらに現代においてはその多くが仕事も人工的な室内空間の中で行っている。本書で確認することになるが、「透明」なはずのガラスも多くの場合は紫外線に対して透明とはいえず、このような人工的な住環境は紫外線に対する〈第二の境界〉となる。

そして人類のほとんどは室外空間では衣服を着用しており、これも〈第二の境界〉の一つだといえる。その他、日傘や帽子、サングラスや日焼け止めクリームなど、人々が身に付ける様々な人工物もここに含めることができる。このようなファッションは、紫外線に対する価値観が可視化される場となる。

③人体の皮膚

人体の表面では皮膚、特にその中のメラニン色素が紫外線を吸収することになっており、これが〈第三の境界〉となる。紫外線は目に見えない存在だが、目に見える形でその痕跡を人間の肌に残すため、皮膚は紫外線との付き合い方が可視化されるキャンバスにもなる。

このような三層の境界は、それぞれ地球科学、建築学や衣服学、医学や栄養学などの専門領域と関係していながら、同時に環境や健康、美容などをめぐる価値観とも無関係ではない。どのような服を着るのか、あるいは着ないのか。どのような食べ物を食べるのか、あるいは食べられないのか。そしてどのような家に住むのか、あるいは住めないのか。このように、紫外線は衣食住のすべての領域とかかわっているところに特徴がある。

それでは、紫外線を有益とする言説空間と有害とする言説空間の間には、果たしてどのような違いが存在するのだろうか。この問いを追いかけることがこの本のメインテーマとなる。そして、紫外線は「見えざる光」なのだが、この不可視光線に注目することによって、近代以降の日本社会の一断面が明らかになってくるはずだ。

身近な不可視光線

ところで、〈不可視光線〉といえば「放射線は？」という疑問を持つ読者も少なくないだろう。放射線については、中尾麻伊香が『核の誘惑——戦前日本の科学文化と「原子力ユートピア」の出現』で、一九一〇年代における「ラジウムブーム」を取り上げている。一方、上述のように衣食住全般にかかわっている紫外線は非常に身近な存在であり、守備範囲は広い。一九三四年の『国民百科大辞典』（冨山房）では、紫外線に関する当時の研究状況について「特に医学方面の研究が盛ん」であるとしながらも、その他「工学、農業、養鶏、栄養化学など広い分野に応用」される可能性に言及している。日常生活と非常に密接な関係を持つ不可視光線であるがゆえに、紫外線に注目することによって、生活空間の多面的な姿が見えてくるのではないだろうか。

一方で、読者の皆さんには、筆者が医学や栄養学、物理学や工学の専門家でもなければ、本書に出てくるジェンダーや階級、エスニシティなどの諸問題に関する社会科学の専門家でもないことを前もってご理解いただきたい。むしろ、筆者が歴史研究の対象としてきた紫外線関連の諸問題が、自然科学や工学の分野においても、社会科学的なテーマにおいても、まさに多岐にわたるところに置かれていたことこそ、本書の特徴なのである。

科学史という学問領域において、かつては〈内的(internal)科学史〉(主に科学理論の変遷をたどる学説史)と、〈外的(external)科学史〉(主に科学活動を取り巻く思想や制度に関する研究)が分立していたが、当然のことながら、科学という生き物を理解するためには、比喩的に表現すれば、その〈解剖学〉も〈生態学〉も両方必要となる。よって本書では、科学・技術を生産する側だけでなく、それを消費する側にも焦点を当て、このような理由から、本書では科学・技術の〈生産者〉と〈消費者〉が交わる場として、一般向け雑誌や新聞記事、広告や小説などにかなり重点を置くことになる。ある意味、本書は紫外線に関する〈科学の文化史〉だと理解していただければと思う。そして本書を開いた読者の皆さんは、紫外線が織りなす万華鏡の世界を、筆者とともに覗いてみることになるだろう。

第1章

紫外線ブームの時代へ

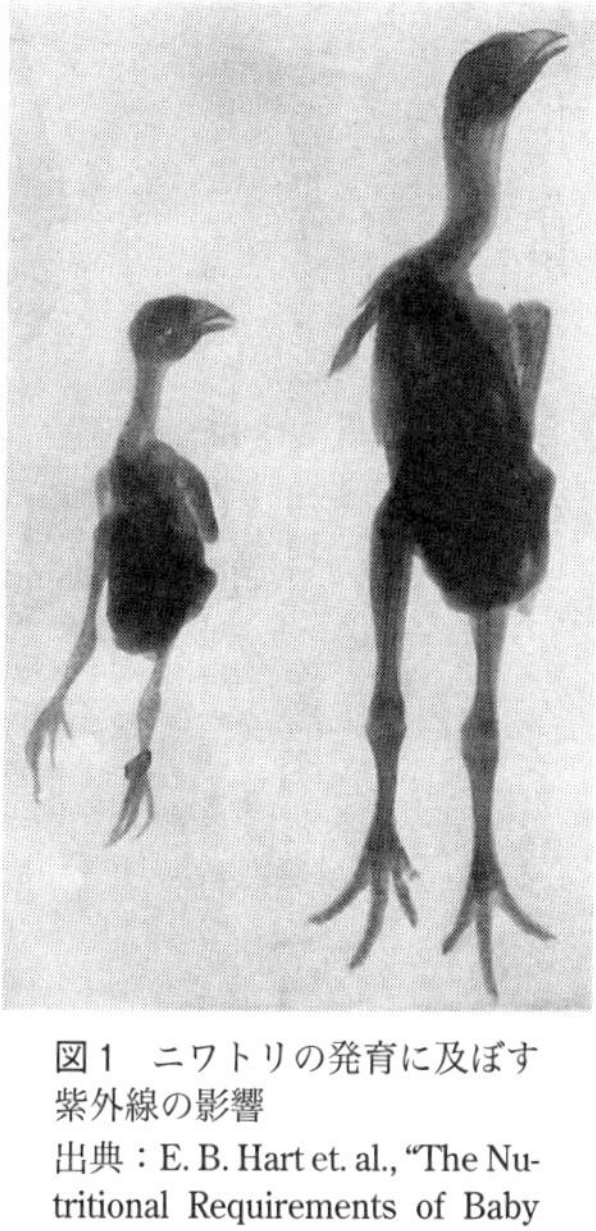

図1　ニワトリの発育に及ぼす紫外線の影響
出典：E. B. Hart et. al., "The Nutritional Requirements of Baby Chicks"

一　未知の光線に対する期待と不安

「化学線」としての紫外線

不可視光線としての紫外線が知られるようになったのは一九世紀のことであった。伊東俊太郎他編『〈縮刷版〉科学史技術史事典』とフロインド(Freund 2012)の説明をまとめると、ニュートン以来、日光は複数の色の複合であることが明らかになっていたが、不可視光線としては一八〇〇年にハーシェル(Sir Frederick William Herschel)が熱効果のある赤外線を発見し、一八〇一年にはリッター(Johann Wilhelm Ritter)が化学作用のある紫外線の存在を確認することになる。また一八七七年には、イギリスのダウンス(Arthur Downes)とブラント(Thomas Blunt)が紫外線の殺菌作用について報告するようになる。

このような動向は日本でも紹介されるようになるのだが、たとえば一九一〇年の『農学会報』には紫外線による水の殺菌に関する研究が紹介されている(佐藤寿「菫外線《きんがいせん》にて多量の水を殺菌する件」)。また一九一七年の『東洋学芸雑誌』には、当時の日本を代表する物理学者の一人であった長岡半太郎が「菫外線に就き」という記事を寄せ、当時知られていた紫外線の知識を網羅的に紹介している。長岡は紫外線が持つ物理学的・化学的性質とともに生物学的な性質にも言及しつつ、殺菌効果を利用して飲料水を消毒するなど、衛生や医療方面での価値にも注目していた。後藤五郎編『日本放射線医学史考　明治大正篇』によると、長岡はその三年前の一九一四年にも日本医学会総会で「菫外線、X線及びラヂウム放射線」という講演を行っている。

ちなみに、ここでは「菫外線」という言葉が使われているが、紫外線は「菫外線」とも呼ばれていた。たとえば一九三一年版の平凡社編『大百科事典』の「菫外線」という項目には、「菫外線　Ultra-violet-rays　→紫外線」と記載されている。百科事典でのこのような表現からは、一九三〇年ごろの段階になると「紫外線」という言葉が主流になりつつあった様子もうかがえるが、一九三三年に照明学会には「菫外線照明委員会」が設置されており(「照明学会に於ける菫外線照明委員会」『マツダ新報』)、一九四四年の大政翼賛会文化厚生部編『生活環境と健康(保健教本)』には「紫外線(菫外線)」という表記が見られる。『広辞苑(第七版)』にも「紫外線」という項目に「化学線。菫外線」という表現があり、「紫外線」という言葉は「菫外線」という用語と競合しながら次第に主流になってきたのではないかと思われる。

日光浴・結核・サナトリウム

この紫外線に関して日常的に体験できることとしては日光浴があった。

一九〇九年の『中外医事新報』には「日光浴の有害作用」という記事が掲載され、当時ヨーロッパで盛んに行われていた日光浴の弊害を伝えていたが、一九一五年には『実業の日本』に医学者の田代義徳が「洋服常用者に是非共《ぜひとも》勧めたき日光浴健康法」を発表して大いに日光浴を推奨している。「すっぱだかで日光にあたれ」という見出しから始まるこの記事で田代は、日光浴がそもそも日本では珍しくもないとしつつ、すべての着物を脱いで裸体になることを勧めていた。田代によると、ヨーロッパでは「日向ぼっこが大流行」しており、特に「肺病患者」などのための「日光療養所」も設置されていた。また田代は、「日光浴は健康増進上最も必要であることは今さら一点の疑問もない事実」であるとしつつ、「その理由は長年不明」だったが、「近年」になって「太陽光線に含まれている紫外線」に効力があることが明らかになってきたと解説している。日光浴の効果と関連して紫外線に言及しているのである。

日光浴、または日光治療が普及するようになった背景には、当時深刻な疾病の一つであった結核の存在があった。日本においても「国民病」とまで呼ばれていた結核は、産業化および都市化の影響によって状況が悪化し、一九〇九年には死亡者数が一〇万人に達するほどであった。

結核などの患者の療養所として知られていたサナトリウムは、もともと一八六〇年代以降の、都市生活の悪影響から逃れて屋外で過ごすという文化的な動きを背景として大陸ヨーロッパを中心に普及した。一九〇三年ごろ、スイスの医師ロリエ(Auguste Rollier)が結核などの患者のためにスイスの高山リゾート、レザンとその周辺にいくつかのサナトリウムを開設し、日光療法を推進していくことになる。結核に対する日光の治療効果は未知数だったが、この経験に基づいたロリエの著作は一九一四年にフランス語で出版され、一九二三年には英語にも翻訳されることになる(Carter 2007, Freund 2012, Woloshyn 2013)。日本でも、たとえば一九二二年の『実業の日本』には酒井谷平「行き詰まった独墺医学界の最新現象――欧洲到る処に歓迎励行せらる紫外線療法」という記事が掲載され、従来とは異なる新しい医療として紹介されていた。

人工の光源を用いた紫外線療法

また、もう一つの流れは、天然の日光に頼らず人工的な光線を利用するものであった。一般的に、医療に天然の太陽光線を利用する場合を日光療法(heliotherapy)、人工の光源を利用する場合を(人工)光線療法(actinotherapy)というが、一八九三年ごろからデンマークのフィンセン

(Niels Ryberg Finsen)が治療に人工的な紫外線を利用していた。フィンセンは、一九〇三年のノーベル生理学・医学賞受賞者である(Carter 2007, Freund 2012, Woloshyn 2013)。

日本での紫外線療法について、佐藤太平は『紫外線療法(特に太陽灯療法)』(一九二八、本書では第三版から引用)で、一九一四年に東京帝国大学皮膚科教室の土肥《どひ》慶蔵から始まったと紹介している。興味深いことに、前述のように長岡が日本医学会総会で紫外線に関する講演を行ったのが一九一四年、『実業の日本』に日光浴に関する田代の記事が掲載されたのが一九一五年のことであった。また、テクノロジーとしての紫外線装置については次章で詳述するが、東京電気株式会社(のちに芝浦製作所との合併で東芝となる)が紫外線に注目するようになるのもこの時期である。ちなみに、周知の通り、一九一四年は第一次世界大戦が勃発した年でもある。

一九一九年の『婦女界』には、岡山県在住の「露子」という女性が紫外線ランプ(「人工太陽灯」)を利用した治療によって結核性関節炎が「全快」したという手記が掲載されている(「結核性関節炎の全快」)。また右記の佐藤太平は、紫外線療法は主に皮膚科と外科の治療から始まったが、結核性の疾病などにも効果が期待されると述べている。

ところが、『結核の文化史――近代日本における病のイメージ』で福田眞人は、抗生物質のストレプトマイシンが発見された一九四四年まで、結核に対する有効な治療法はなかったと指摘している。実際に、当時すでに慎重な意見も存在していた。たとえば鈴木孝之助の『肺結核療養法』では、日光が動植物の生活に不可欠であり、新陳代謝をよくするなどの効果はあるとしながらも、波長の短い紫外線は透過力が弱く、その作用はほとんど皮膚にとどまるだけであるとしつつ、体内の結核に対する効果については疑問視していた。さらにここで著者の鈴木は、日光浴も「人工太陽」もその適応症はまだ判然としておらず、むしろ時間を無駄に費やして結核症の進行を招く恐れもあると警告していた。また平凡社編『大百科事典』でも、紫外線療法が各種の結核に対して用いられているが、その効果はくる病の場合ほど著しくはないと説明している（くる病と紫外線との関係については後述する）。

つまり、まだ結核に対して有効な治療手段が確立されていなかった時代において、紫外線にはその効果が期待されていたのである。ところで、治療効果が期待されていた不可視光線は、紫外線だけでなく他にもあった。

ラジウムブーム

中尾麻伊香は、著書『核の誘惑』で、一九一〇年代におけるラジウムブームを紹介している。当時の『読売新聞』や『東京朝日新聞』では、ラジウム温泉への遊覧特別列車や東京都心に開業したラジウム銭湯、ラジウムカフェ、さらにはラジウム入浴剤やラジウム石鹼、ラジウム絆創膏などが宣伝されていた。また同書ではラジウム餅やラジウム煎餅などの事例も紹介されている。ただし、このようなラジウムブームは日本だけの現象ではなかった。アメリカでは一九二五年にラジウムドリンクが発売され、一九三〇年までに四〇万本以上の売り上げがあった。そしてその広告塔になっていたピッツバーグの富豪は、放射線障害で一九三二年に死亡しているのである(Peña 2003)。

前出の福田眞人は、X線に対しても治療効果が期待されていたことを紹介しているが、ここでは〈目に見えない〉〈未知の〉存在に対する期待がうかがえる。また橋爪紳也らはさらに電気に対しても健康をもたらす「魔法」のようなイメージがあったと述べているが(橋爪・西村編 二〇〇五)、〈新しい〉〈科学的な〉存在に対する期待があったといえる。このようなことが、のちの〈紫外線ブーム〉を理解する一つの補助線にもなるだろう。ちなみに中尾は、二〇世紀前半の日本で展開された、「不可視エネルギー」を用いた物理療法について説明する中で紫外線にも言及している(中尾 二〇一九)。

ところで、紫外線に対しては期待もある中、不安もあった。一九一六年一〇月一〇日付の『読売新聞』には「アンチソラチン」という「白色美容新剤」の広告が載っているが、「太陽・電光の有害光線」を防ぐこの商品が「美容の元素」として宣伝されている。わざわざ「元素」という専門用語を使っていることは、〈科学的〉なイメージを与えるためではないかと推測できるが、ここで太陽は「有害光線」を放つ〈美容の敵〉になっている。また、この広告では男性にも使用を勧めているが、これは序章で述べた「日傘男子」の例と同様、このような商品を利用する顧客としては主に女性が想定されていたことを示唆しているともいえる。

当時の女性誌、または日刊紙の「婦人欄」や「家庭欄」などを通じて、紫外線に関する情報は「家庭科学」として流通していた(金 二〇〇六)。また伊東章子は、「女性と科学の親和性」で「美しくなる科学」に言及している(伊東 二〇〇四)。

一九一五年の『婦人公論』には、「白い肌」が美人の条件だとする記事(小口みき「美人となるの法」)、そして特に「東洋人」である「日本人」にとって色白は「いうまでもなく」美しくなるための要件だとしている記事(マリー・ルイズ「色を白くする法」)が掲載されている。一方、フロインドやセグレイヴは、主に一九世紀までは欧米社会においても、そして中国や日本においても、淡い肌色が労働からの解放、つまり上流階級の表象であり、美しさの象徴でもあったと述べている(Freund 2012, Segrave 2005)。このような前提では、日焼けの原因となる太陽光線、とりわけ紫外線は〈美容の敵〉にならざるを得ない。

こういった状況は、当時の化粧品業界と無関係ではなかった。一九二一年の『婦女界』には資生堂化粧品部の三須裕による記事「七難かくす色白の方法」が掲載されているが、この記事では「色を白くしたい、色を白く見せたい」ことが「お化粧の第一目的」であり、時代を超越した「全ての女性の夢」であると主張している(ただし、第3章で詳述するように、このような美容観も揺れ動いていくことになる)。

ポーラ文化研究所の『化粧文化 PLUS 8』には、当時の〈美白化粧品〉が多数紹介されている。その中でも色白化粧液の「ポーカー液」は「日ヤケを防ぎ、色を白くする」ことを標榜しており、日焼け止めの「スミレ化粧クリーム」は「皮膚を漂白する」と宣伝している。さらに、「過酸化水素の働きに注目」した「化粧液レート」は、なんと「紫外線を化学的に分解」するとまで宣言している。また『資生堂研究所五〇年史』では、同社が一九二三年に日焼け止めクリームの「ウビオリン」を発売したと紹介している。

一方で、日傘はもう一つの日焼け止め用品だったといえる。一九一九年三月二一日付の『読売新聞』では、女性用日傘の選び方に関して、日焼けを防ぐために効果的な生地や色などについて解説している。ここでは、日傘は女性用と想定されていたのである。

このような文脈において、紫外線は〈美容の敵〉とされ、化粧品や日傘といった人工的な手段でそれを遮断すること（現代風に表現すれば「UVカット」）が推奨されていた。国立歴史民俗博物館編『身体をめぐる商品史』によると、明治時代には主に白粉《おしろい》がはやっており、口紅やほお紅が流行するのは、昭和に入りハリウッドの洋装が普及するようになってからであった。つまり、大正期の化粧はまだ肌を白く見せることが主流だったということになる。

ただし、第3章で詳述するように、一九一〇年代初頭からすでに〈健康美〉を求める議論が女性誌に登場していたことも注目に値する。一九一一年の『婦女界』には「体育は美人を産む」（井口あぐり子）という記事が掲載されており、翌年の同誌の誌面では「国の品位」である女性美の条件の一つとして、従来のような、白い肌の「病的美人」の代わりに健康な「桜色」を挙げていた。〈美白〉とは不変的な価値ではなく、社会的・文化的な文脈に置かれていたのである。

紫外線をめぐる複雑な視線

このように、一九二〇年代前半までの日本では、紫外線をめぐってポジティブなイメージとネガティブなイメージが混在していた。一九二三年一〇月下旬、『読売新聞』には「家庭科学」

シリーズとして梶尾年正による「紫外線の話」が連載されているが、ここでは紫外線が殺菌作用を持っており、さらには血液循環を増進させる可能性もあるという肯定的なイメージとともに、「色素を破壊する恐ろしい力」があり、衣類の退色の原因となるというネガティブなイメージも同居していた。同連載ではその他にも紫外線ランプや紫外線とガラスとの関係、そしてその利用法など、紫外線に関する科学知識を網羅的に紹介していたが、翌年、紫外線が強くなる夏を迎えるようになると、六月八日付の「日に焦げぬ法と日焦げを防ぐ法」では、紫外線は「皮膚を悪化する魔の光線」とまで呼ばれていた。

当時の大衆科学雑誌の紙面からも紫外線をめぐる複雑な視線がうかがえる。一九二一年、『科学知識』の創刊号には東京帝国大学理学部植物生理化学教授の柴田桂太による「高山植物と紫外線」が掲載されている。ここで柴田は、紫外線が人間や植物の細胞に対して有害であり、細胞が色素沈着を起こすのは紫外線から自分自身を守る機能に関係があると説明している。その例として柴田は、人類が皮膚に紫外線を吸収する色素を持っていること、また高山植物が現在のような花色になったことを挙げていた。ここでは紫外線の有害性が強調されていたのである。

その一方で、翌年の同誌には「紫外線で病気が治る」という記事が掲載されているが、ここでは紫外線が結核菌の増殖を阻害するため健康に有益であるという主張が展開されている。当時結核は「国民病」とも呼ばれるほど大きな問題とされており、紫外線にも期待が寄せられていたのである。また結核と関連して、一九二三年の『科学知識』に寄せた「結核の光線療法」で西村三吉は、「定説なし」と認めながらも、日光浴、X光線療法、人工高山太陽療法、ラジウム療法などを紹介していた。紫外線だけでなくX線やラジウムの効果も期待されていたのである。

『科学画報』でも、一九二五年の井上正賀による「新しい健康法　太陽こそ健康の源」という記事は、紫外線には細胞の機能を旺盛にし、血液の循環を助け、新陳代謝を盛んにする効果があると強調しながらも、まだ「未知」の部分が残されていることも認めていた。一方、同年の『科学画報』上で、板津饒は紫外線の治療効果や「人工太陽灯」に言及している(「紫外線療法の実際」)。

同一九二五年、理化学研究所の桜井季雄は『科学知識』上で、紫外線が目に悪影響を及ぼすことを強調していた(「紫外線除けの新眼鏡」)。また桜井は、翌年にも同誌に掲載された「紫外線の話」で紫外線の様々な側面について説明している。彼はここで、まず紫外線の有益な面としては紫外線療法、日光消毒、栄養面、そして写真や蛍光などの方面で利用されていることを挙げている。一方で有害な側面としては、変色の問題、飛行機や飛行船の布がもろくなること、写真撮影の邪魔になること、目を傷めることを挙げていた。ここではメリットとデメリットの両方が紹介されているのだが、桜井は紫外線療法については「詳細は研究中」と言わざるを得ず、栄養と関連しては紫外線と「ビタミンA」との関係について述べていた。後述するが、当初ビタミンDはビタミンAと区別されずにいたのである。

このように、一九二〇年代の前半の段階では、紫外線に関しては相反する態度が混在していた。その医療や保健への利用が期待されながらも、逆に紫外線の有害性が強調されるなど、まだ明確な「正解」は見つからない状況であった。一方、美容という領域からはむしろ紫外線は避けたい存在でもあった。そして次第に、結核ではない他の疾病、そして医療やファッションとは別の分野から新しい動きが見られることになる。

二　ビタミンDに至る二つの道

一九二〇年代に入り、科学的実践における新しい動向とともに、紫外線をめぐる視線は大きく変容していくことになる。そこには二つの流れがあり、その一つは子どもの健康にかかわる医療分野、もう一つは肉の大量生産にかかわる畜産分野であった。

くる病への治療効果

前述のように、日光療法や紫外線療法は結核に対して期待されていながらも、その効果は疑問視されていた。一方、小児科分野におけるくる病、つまり子どもの骨の発育異常に関する研究は、ビタミンDという新しい栄養素、そしてビタミンDの形成にかかわる紫外線の役割が注目されることにつながった。

ただし、科学的成果の多くが単純に〈○○氏が△△年に□□を発見した〉といった単純な話ではないように、くる病を理解する道のりには紆余曲折があった。以下では、主にフロインド、アップルおよびマクドウェルの研究を基に、まず、くる病研究の歴史的な流れを概観してみよう(Freund 2012, Apple 1996, McDowell 2013)。

くる病をめぐっては、当初から日光との関係が注目されていた。一七世紀から一八世紀にかけて、特にイギリスや北欧の産業化・都市化された地域では子どもの骨の発育に異常が発生する症状が多数観察され、生活環境の問題が注目されていた。一八九〇年、日本で活動をしていたイギリス出身の医者パーム(Theobald A. Palm)は、「先進地域」のイギリスで多く見られるくる病が日本では少ないことに気づき、日光とくる病との関係に着目するようになった。ただし、科学的な根拠はまだ不明であった。第一次世界大戦後、ヨーロッパでは食糧不足とくる病の高い罹患率に悩まされていたが、一九一九年にハルドシンスキー(Kurt Huldschinsky)は紫外線ランプを利用してくる病の治療を行い、紫外線がくる病に対して治療効果を持つことを確認した。一方、一九二〇年代初頭、コロンビア大学のヘス(Alfred Hess)の研究チームは、子どもやネズミのくる病の症状に対して、同一の栄養条件下でも、日光を当てることで予防や治療ができることを明らかにした。くる病の症状を誘発しやすい餌を与えたネズミでも、紫外線の照射によって病気が予防できたのである。

ここまではよくある〈発見のストーリー〉に見えるかもしれないが、実際にはそのように単純な話ではなかった。ヘスらの研究結果によると栄養条件はくる病とは関係ないはずだったが、実は栄養が関係していたのである。

一九二〇年ごろまでには、肝油《かんゆ》にもくる病に対する効果があることが分かっていた。肝油とは主としてタラなど魚類の肝臓より抽出される油のことである。一九一九年、イギリスのメランビー(Edward Mellanby)は多数の子犬を用いて動物実験を行い、肝油を与えるとくる病が治ることを確認した。この結果は、くる病の原因が栄養不足にある可能性を意味するものであり、メランビーは、肝油の中に含まれている脂溶性のビタミンＡにくる病を抑える効果があるのではないかと推測した。この段階ではまだビタミンはＡＢＣの三種類しか知られていなかったのである。

このような状況は、専門家たちを混乱させた。太陽光線はくる病に対して効果がある。一方で、肝油にも効果がある。しかし太陽光線は食品ではなく、カテゴリーが全く違うので、くる病の予防と治療をめぐって、日光療法と食事療法のどちらが効果的なのか、専門家の間でも意見が分かれていたのである。

答えはビタミン研究から

この疑問に対する答えはビタミン研究が与えることになるが、実はビタミン研究自体も混乱していた。前述のようにメランビーはビタミンＡに注目していたが、どうやらくる病に対して効果があるのはビタミンＡではないらしい、という研究結果が続々と登場してきたのである。

一九二二年ごろ、マッカラム(E. V. McCollum)らジョンズ・ホプキンス大学の研究チームは、加熱によってビタミンＡを破壊しても、くる病に対する効果は残っていることに気づいた。となると、くる病に対して効果がある栄養素はビタミンＡではないことになる。実際にビタミン

Aを多量に摂取する栄養条件下でも、くる病の症状は観察されたのである。逆に、くる病に対して効果がある成分には、ビタミンA欠乏症への効果はなかった。このようなことから、マッカラムらは肝油の中に含まれるビタミンをAとDとに区別することを主張することになる。新しい「ビタミンD」という概念を提案したのである。

一方、前出のヘスらは一九二四年にアメリカ小児科学会で、紫外線ランプを用いて様々な植物油に紫外線を照射した結果、肝油のようなにおいがしただけでなく、くる病に対する効果もあったと発表した。

さらにほぼ同じ時期の一九二〇年代初頭には、ウィスコンシン大学のスティーンボック(Harry Steenbok)らの研究チームも、様々な食品に紫外線を照射して、くる病に効果のあるビタミンを作っていた。スティーンボックらの研究についてはまた後述するが、研究が行われる文脈はだいぶ異なっていた。科学史の中には「同時発見」と呼ばれる事例も多数あるが、ビタミンDのストーリーには複数の流れが存在していたのである。

一九二四年ごろになると、紫外線照射によって作ることもできる「新しいビタミン」がカルシウムとリンの吸収を助け、くる病に対する予防および治療効果があるのではないか、という理解が得られるようになる。太陽光線と食品とは全くカテゴリーの違う存在だが、このような形でつながったのだ。日光の不足は、肝油で代替できる。だから、太陽光線を十分に浴びることのできない厳しい環境下で暮らしているイヌイットの人たちの場合、魚を多く食べて肝油を摂取しているためにくる病を発症しない、という説明が可能になった。

なお、日本においては、医学博士の田村均が一九二七年の『診断と治療』誌上で、まだ現在進行形の錯綜した状況にあった研究動向を明快に整理している。「小児科領域に於ける紫外線の新研究」で田村は、ヘスやスティーンボックらによる研究を中心に、紫外線とビタミン、くる病、肝油との関係について説明し、当時まだ解明されていなかった諸問題にも言及している。

ちなみに、化学の領域において物質としてのビタミンDを明らかにしたのはドイツのヴィンダウス(Adolf Windaus)で、彼は一九二八年にノーベル化学賞を受賞している。ビタミンDの発見は、医学から見るとくる病研究を行っていた医学者たち、化学から見るとヴィンダウスが中心人物になるだろうが、食品生産という側面からみるとまた違う風景が見えてくる。

鶏肉の大量生産の問題

ビタミンDの発見、そして紫外線の健康効果が明らかになる過程には、人間の子どもの健康だけでなく、ニワトリの健康も関係していた。そしてその背景には、食肉の大量生産といった、極めて現代的な問題が存在していた。

ボイドは、二〇世紀初頭のアメリカにおける鶏肉の大量生産に伴って、紫外線不足が動物の健康に悪影響を及ぼすことが浮き彫りになったと指摘している。同時期のアメリカではニワトリの屋内での飼育が普及していったが、屋内で育てられたニワトリに足が弱くなる症状があらわれた。当初は細菌による感染が疑われたが、一九二〇年から一九二三年にかけて、主にウィスコンシン大学のハート(E. B. Hart)や前出のスティーンボックらの研究者によって、肝油、脂溶性ビタミン、さらには日光にその治療および予防効果があることが確認された(Boyd 2001, Apple 1996)。鶏肉の大量生産によって生じた問題が、新しいビタミンとしてのビタミンD、そしてそのビタミンDと紫外線との関係が明らかになる一つのきっかけになったのである。図1(第1章扉)はハートらの論文に掲載された写真だが、同一の栄養条件下でも、紫外線の照射という条件が違うだけでニワトリの発育、特に骨の成長に大きな影響が出てくることをビジュアル的に示している(右が紫外線を照射したニワトリで、左は紫外線を当てていない)。紫外線は、ニワトリの健康にも欠かせない存在として注目されるようになったのである。

このニュースは、速やかに太平洋を渡って日本にも伝わってきた。たとえば一九二五年の『芝浦レヴュー』に掲載された「紫外線の生理的効果」では、ヒナの成長と紫外線との関係に言及している。特に養鶏業界はかなりの反応を見せた。一九二五年から一九二七年の間に、雑誌『家禽界』には、アメリカにおける研究動向や実験などについて紹介する記事が多数掲載されている。特に、一九二七年の「偉大の力――紫外線に関する実験」で波多野正は、日本の畜産試験場での動物実験や研究動向についても紹介している。

なお、紫外線を生産・制御するテクノロジーについては第2章で詳述するが、この発見は紫外線ランプを製造・販売する業界にとっては新しいビジネスチャンスを意味していた。

三　紫外線ブームの到来

ビタミンブーム

このように、一九二〇年代半ばになるとビタミンＤとともに紫外線が脚光を浴びるようになるのだが、一方でこの一九二〇年代半ばという時期は、ちょうど日本においてビタミンに対する関心が高まっていた時代でもあった。

二〇世紀のアメリカにおけるビタミンブームの歴史を紹介したアップルによると、特にビタミンＤと関連して一九二六年から一九三七年の間に肝油の消費量が約三倍に増えた（Apple

1996)が、ビタミンは一九世紀後半から二〇世紀前半の日本の文脈においてもまた、重要な問題であった。その背景には、脚気《かっけ》という、末梢神経障害や心不全が生じ、死に至ることもある病気が存在していた。

脚気は、当時の日本において非常に政治的な問題でもあった。日露戦争中、陸軍で脚気が大規模に発生し、多数の兵士が死亡したのである。そして一九〇八年には陸軍省内に「臨時脚気調査会」が設立された。すでに当時の海軍では、食事に麦飯などを提供することによって効果も出ていたが、陸軍の軍医を含めた当時の医学界では、脚気も細菌による感染症であるという意見が主流であり、〈麦飯で病気が治る〉なんてある意味〈噴飯《ふんぱん》もの〉だったのかもしれない。のちに「ビタミン博士」と呼ばれることになる農芸化学者の鈴木梅太郎は、オランダの東南アジア植民地で研究をしていたエイクマン(Christiaan Eijkman)の成果などを参照しながら研究を進め、一九一〇年ごろには現在ビタミンB_1として知られている成分を抽出することになる(岡本二〇〇〇)。しかしながら脚気の原因をめぐる論争は続き、最終的には一九二六年ごろになって、日本の医学界においても、ビタミンB_1の欠乏が脚気の発生と関係しているというコンセンサスが得られるようになる(Bay 2012)。ビタミンDに限らず、ビタミン全般に対する注目度が高くなっていたのである。

このようなビタミンの時代において、大衆科学雑誌の誌面を覗いてみると、たとえば『科学知識』では一九二八年にビタミン研究の状況を説明しながら「鰻油の中のヴイタミン」について紹介しており、一九三一年には鈴木梅太郎本人が誌面に登場してビタミン研究の経緯について説明している(「ヴヰタミン研究の回顧」)。そして一九三二年になると、同誌上で農学士の神戸勝二が、ビタミンといえば「今では小学生でも知っている」と発言するのである(「ヴィタミン研究の展望」)。そして、同年の『科学画報』では栄養特集が組まれるようになる。

百科事典の記述を見ても、一九三一年の平凡社編『大百科事典』には、まず「ヴィタミン Vitamin」という項目に「ヴィタミンBの発見者鈴木梅太郎博士」という説明とともに鈴木梅太郎の顔写真が掲載されていることが目に付く。またこの百科事典では、ビタミンDについては不足するとくる病を起こすと説明しており、くる病の予防策として日光や肝油に言及している。一方、一九三四年の『国民百科大辞典』では、ビタミンDやくる病に関する研究の経緯および当時の研究動向がかなり詳しく説明されている。

このように、一九二〇年代後半になると、日光浴・日光療法や紫外線療法、ラジウムブーム、くる病問題、鶏肉の大量生産、そしてビタミンブームといった様々な流れが合流する形で、いよいよ紫外線ブームが到来することになる。

ターニングポイントは一九二七年ごろ

日本において、専門家サークルだけでなく一般市民のレベルでも紫外線が「健康に必要なもの」として脚光を浴びるようになったターニングポイントは、一九二七年ごろではなかったかと思われる。一九二六年、前出の佐藤太平は『婦人之友』に「万病に特効ある紫外線（太陽灯）療法」という記事を寄せ、日光療法や人工紫外線療法が専門家からも一般市民からも注目されているとし、主にその「局所作用」としては殺菌力、「全身作用」としては免疫機能に注目した。またこの療法が「万病に特効」があるとしつつ、適用される疾患として肺結核、貧血、流行性感冒《かんぼう》（インフルエンザ）、痛風、糖尿病、動脈硬化症、白血病、丹毒《たんどく》、破傷風、百日咳、円形脱毛、膣カタル、月経困難、子宮筋腫など、「ほとんどすべて」の疾患を挙げた。

一方、翌年の一九二七年になると前出の田村均の論文「小児科領域に於ける紫外線の新研究」が『診断と治療』に発表される。ここで田村は、昔から紫外線の治療上の有効性は知られていたが、メカニズムは不明であったとしつつ、「近年は紫外線に関する研究が盛ん」になり、紫外線照射によって「ビタミンの豊富でない食事」の場合でも「骨の石灰沈着」には問題が生じないと説明している。紫外線とビタミンDに関する新しい理論が反映されているのである。

同一九二七年、「ビタミン博士」鈴木梅太郎は『東洋学芸雑誌』四月号に「光線と栄養の関係」を寄稿し、日光と栄養をめぐる研究動向について説明している。ここでまず鈴木は、植物の成長に日光が必要なことはいうまでもないが、動物に対しても、ビタミンと関連して紫外線研究が盛んになるにつれて新しい事実が明らかになってきたと解説している。日本で行われている研究については、千葉の畜産試験所で鈴木幸三や波多野正らがシロネズミ、ニワトリ、イエウサギなどを用いた動物実験で、紫外線を照射すれば発育が良好であるという結果を得ており、理化学研究所でも研究が行われていると紹介している。さらにアメリカでの研究動向についても詳しく説明しているが、医学者ではなく農芸化学者だった鈴木梅太郎は、特に前出のスティーンボックらによるニワトリ実験に焦点を当てている。ここでは、くる病に対する効果を持つビタミン（ビタミンD）、日光の中に含まれている紫外線とビタミンDの関係、アメリカ・メイン州の農事試験場での活動が紹介されており、特にスティーンボックらが牛乳に紫外線を当てて栄養を強化していることに注目している。またこの記事で鈴木は、くる病研究との関係にも触れており、紫外線の影響を受けて動物の体内でビタミンDが作られるメカニズムについての解説を行っている。このように、当該分野の専門家として鈴木は当時の動向について網羅的に紹介しているのである。

そして同年の一〇月一三日に鈴木は、皇室にて「ヴィタミンに就て」の御進講を行い、ビタミンDと紫外線との関係について説明している。一九二〇年代のイギリスでは、王室のメンバーや元首相のような著名人が紫外線治療を視察している姿をマスメディアが報じていた、とカーターは述べているが(Carter 2007)、このような動きに関しては当時の日本も例外ではなかった。

逓信大臣官房保健課も同一九二七年に長谷川銕一郎による『空気・日光・水』を刊行しているが、「日光の行かぬ所に医者が行く」というイタリアのことわざを紹介しながら、日光、特に紫外線の効果について紹介している。この本によると、紫外線に関する研究は最近のものが多く不明な点も多いが、適度の紫外線を浴びれば血圧が下がり、血液の循環が良くなり、新陳代謝が活発になり、食欲が増すなどいい効果が多く、高山や海岸が健康にいいのは紫外線が豊富なためであると説明している。また、「誰でも知っている」はずの日光の殺菌効果も紫外線の働きであり、寝具などを日光に当てて干すことは、その意味で衛生上有利であると解説している。日常生活レベルでの日光との付き合い方について述べているのである。

そして、波多野正によると、『科学知識』の編集部が専門家たちに紫外線に関する原稿を依頼したのも、同じ一九二七年のことであった。

一九二〇年代末の新聞・雑誌記事

一九二七年以降、『科学知識』や『科学画報』などの大衆科学雑誌にも、紫外線の物理・化学的性質や紫外線ランプ、紫外線療法、紫外線と養鶏、肝油など、紫外線関連の記事が多数掲載されるようになる。

一九二七年の『科学知識』では、理学士の二神哲五郎が「水銀灯の話」で、「人工太陽灯」とも呼ばれる紫外線ランプの特徴と仕組みについて説明しており、「農林省畜産試験場所属・農学士」の波多野正は、「紫外光線と栄養」という記事でビタミンとの関係などに言及している。また翌年の一九二八年の『科学知識』では医学博士の藤田宗一が「紫外線の医治学的応用」で、「苦い薬や痛い手術を必要としない理想的な治療法」として日光療法などの光線療法を紹介している。また同年にはフランスやイギリスでの動向を紹介した「運動家や鉱夫に紫外線の利用」という記事も載っている。

一方、『科学画報』にも一九二八年には紫外線をテーマにする記事が掲載されている。理学博士の山田幸五郎は「紫外線の話」で、「光」とは「明るいもの」だけではないとしつつ、不可視光線の物理・化学的性質について説明している。ただしここで山田は、紫外線の有害な側面に注意を促している。一方で理学士の朝比奈貞一は、「紫外線を透過させるヴァイタグラスの話」という記事で、ビタミンDに言及しながら「有益な紫外線」を紹介している。

このように、一九二七年ごろから紫外線に対するイメージはポジティブなものになりつつあったように見える。一九一六年の『読売新聞』に前出の「アンチソラチン」の広告が出た際には、太陽の「有害光線」をさえぎる商品が「美容の元素」とされていたが、一二年後の同紙には「健康の元　紙を使って紫外線を室内へ　今の硝子ではだめ」(一九二八年八月二四日付)という記事が掲載され、紫外線が「健康の元」として登場している。この間にイメージが逆転しているともいえる。同年の『東京朝日新聞』(一九二八年七月二日付)にも「皮膚と関係深い　紫外線　人工の太陽光線(二)」という記事が載っており、ここでは紫外線が「日光の中で健康を支配する」とされている。

『文藝春秋』も一九二八年、「医学欄」で日光浴について紹介している。この記事(佐々廉平「日光浴と空気浴、海水浴と温泉浴」)によると、「化学的線(紫外線)」は新陳代謝に影響し、食欲を亢進させ、成長および発育、特に骨の発育や血液の形成に大きな影響を及ぼす。また、強すぎる直射日光にはデメリットもあるとしつつ、「皮膚の血液を増し、栄養を高めて免疫などを高めることは確か」であるとも述べていた。

一九二九年の『科学知識』には、紫外線を使用してニワトリを早く孵化《ふか》させた話（「紫外線で処理された鶏卵と鶏」）、健康と関連した田園生活や肝油の話題（「紫外線三題」）、さらには紫外線を照射したアイスクリームが肝油と同様の効果を持つという記事（「アイスクリームとくる病」）まで掲載されている。

同年三月一六日付の『東京朝日新聞』では、医学博士の石川仁一郎が、人は紫外線を浴びずして健康を望めないと述べていた（「せむし病の新治療剤　ビタミンＤの話　最近発見されたその本体」）。また、著名な物理学者・長岡半太郎の弟子でもある山田幸五郎は一九二九年の著書『紫外線』で、紫外線に対する関心が急に高まってきたと述べている。一九二〇年代末までには、日本においても紫外線は脚光を浴びるようになっていたのである。

「常識」としての紫外線

一九二九年の『科学知識』では紫外線を当てるとアイスクリームにも肝油のような効果が生じるという話を紹介していたのだが、おそらく、少なくとも当時は、肝油よりアイスクリームを好む子どもの方が多かったのだろう。同誌では一九三二年に神戸勝二がビタミンについて「今では小学生でも知っている」と発言していたのだが、その五年前の一九二七年に波多野正は「小学生でもビタミンを口にする」(「紫外光線と栄養」)と述べていた。一九二〇年代末になると、ビタミンは子どもでも知っている常識として語られていたのである。

このような流れの中で、紫外線も日常的な話題になっていったのではないかと思われる。一九三二年、『子供の科学』で日本医療電気株式会社の黒沢四郎は「皆様も多分御存じ」だろうと述べており(「電気を応用した医療器械」)、一九三七年の同誌上では済生会病院レントゲン科の野沢典美が「お医者さんの使う電気」で、紫外線ランプについて「これは皆さんもご承知でしょう」と述べている。理化学研究所の二神哲五郎が一九三三年に著した『紫外線・赤外線』には、従来は「気温が低いのと乾燥するため」冬場に風邪がはやると考えられていたが、近年は、紫外線が冬には弱くなることも原因の一つに考えられている、という説明がある。一九三〇年代においては、子どもの場合も含めて、紫外線が日常的な会話の中に登場しやすかったのではないだろうか。

一九三三年、日本におけるSFのパイオニアの一人とも呼ばれている海野十三は「赤外線男」という小説を発表しているが、海野は小説の話者に、紫外線療法については「誰もが知っている」と語らせている。海野は、この小説の題材である赤外線について読者に説明するために、わざわざ「誰もが知っている」はずの紫外線に言及しているのである。つまりこのような語りには、一九三三年の段階では、紫外線という専門用語がすでに小説の読者たちに幅広く認知されていることが前提となっているのである。

もう一つの事例を確認しておこう。同じく一九三三年、当時の日本を代表する物理学者の一人であった寺田寅彦は、「科学と文学」で、当時一般の人々が「科学」としてイメージしているものとして飛行機、ラジオとともに紫外線療法を挙げている。ここでの「科学」とは最先端技術を意味しているのだが、飛行機とラジオが当時はもちろんのこと、現在にもつながる交通・通信革命の代表格であることを考えると、これらと同列で紫外線療法が言及されていることに対して不思議な印象も受ける。逆にいうと、かつての最先端技術が現在は忘れ去られているということにもなる。この忘却の問題については終章でも検討することになるが、ここでは少なくとも、当時の一流の科学者が紫外線療法に注目していたことだけは確認しておきたい。

それでは、一九三〇年代の百科事典にも目を通してみよう。

一九三一年に刊行された平凡社編『大百科事典』には「紫外線」や「日光療法」、「紫外線療法」という項目があり、紫外線に関する内容が幅広く紹介されている。この百科事典では、紫外線の物理的・化学的な性質について説明しつつ、太陽光線に含まれている各種の電磁波の中で治療効果のある紫外線はくる病、結核性疾患、そして破傷風、湿疹《しっしん》、疥癬《かいせん》、座骨神経痛、神経炎、百日咳、喘息《ぜんそく》、リウマチ、創傷などの治療に利用されていると紹介している。

一方、その三年後の一九三四年に刊行された『国民百科大辞典』(冨山房)でも、紫外線が持つ一般的な物理的・化学的性質や殺菌作用とともに、紫外線療法の適用対象として、くる病、結核性諸疾患、そして肺炎、喘息、血圧亢進症、脱毛症、皮膚病、外科的方面などが挙げられていた。紫外線には結核も含めて様々な疾患に対する治療効果が期待されていたことがここからも分かる。

このように、一九二〇年代末から一九三〇年代の段階になると、紫外線には〈健康に有益〉というイメージが付き、様々な方面で求められるようになった。と同時に、社会はこの〈貴重〉な紫外線を欲しがるようになり、逆にその〈欠乏〉にも気づくことになる。こうした時代の要望に対応する一つの方法は、現代文明が擁するテクノロジーの力を利用して紫外線を十分に生産し、適切に制御することであった。次章では、紫外線を求める社会における技術と産業の動きについてみていくことになる。

第2章

「人工太陽」のテクノロジー

図2　西神田小学校で「土肥式太陽灯浴室」が使用されている光景
出典：『紫外線』第36号，1932年

〈紫外線ブーム〉の時代の一九二八年、『工業評論』に発表された「紫外線の作用と応用」という記事で山田幸五郎は、あるフランスの雑誌記者の言葉を引用しながら、一八世紀が火力の時代、一九世紀が電気の時代だったとするならば、二〇世紀は光学の時代になりつつあるという意見を表明した。長岡半太郎の下で学び、光学ガラスの専門家であった山田にとって、このような「光学の時代」の到来はさぞ嬉しかっただろうが、特にこの記事で山田が注目していたのは、光の中でもとりわけ紫外線が幅広い領域で利用されるようになったことであった。産業革命期における蒸気機関の利用、そしていわゆる「第二次産業革命」における電気の利用に匹敵する次のステージについて山田は、「従来は野菜の生化学的活性によってのみできると思われていた有機的合成」に言及している。これはおそらく光合成のことではないかと思われるが、山田は、「水銀灯に植物の作用をさせ」、「空気から食料品を製造する大工場ができ」、「食糧問題の解決」につながる未来像を描いていた。本章では、山田が注目していたこの「水銀灯」と関連したテクノロジーが主役となる。

一 紫外線ランプの誕生

太陽の宅配便？

前章でも確認したように、一九二〇年代後半になると、〈科学的〉な観点から紫外線は衛生・健康面で〈有益〉なものとして認識されるようになった。当時の文脈においては、太陽光線の中でも特にその不可視の領域にこそ、〈太陽の恵み〉のエッセンスが存在していたのである。

ところが、自然の太陽はいつでも、どこでも十分な紫外線をわれわれに提供してくれるわけではなかった。まず時間的な制約として、日射量は季節によって、一日の時間帯によって、そして気象条件によって変動するものであった。日光浴を楽しみたいのなら、やはり（北半球では）クリスマス・イブよりは真夏の昼の方がいいはずである。また地理的にも、緯度や標高などによって享受できる紫外線量はまちまちだった。太陽に愛されたいのなら、やはりオホーツク海よりは南国の海に行く人の方が多いのではないだろうか。ちなみに、『紫外線・赤外線』で著者の二神哲五郎は、日光が足りないとされる地域として富山、石川、京都、秋田などを挙げていた。人間に恵みを与えてくれているはずの太陽も、実は公平ではなかったのである。

となると、〈近代科学〉が教えてくれた〈太陽の恵み〉が不足しているところがあるならば、それを人間の力で補う努力をしなければならなかった。幸い、〈現代人〉にはテクノロジーがあった。もし太陽の力を人間のテクノロジーで生産し、制御できるのであれば、わざわざ南国の海にまで出かける必要もなければ、さらにいえば外に出る必要さえないはずだった。テクノロジーが自宅の中にまで太陽を届けてくれるのなら、この〈太陽の宅配便〉を利用して、いつでもどこでも紫外線を浴びることができる。

本章に登場してくる人工物は、こういう文脈の中で生まれたものである。読者の皆さんがこれから遭遇する様々なシーンは、このような時代の姿であって、それ以上でもそれ以下でもない。とりわけ、当時の各業界にとっては、目の前で展開されているビジネスチャンスを簡単に見逃すわけにはいかなかったはずである。

「人工太陽」

上述したような制約条件を乗り越えて、紫外線をいつでもどこでも手に入れるために、様々なテクノロジーが動員された。その代表的なものは、人工的に紫外線を発生させる装置、つまり紫外線ランプであった。当時この装置は「人工太陽灯」、「人工高山太陽灯」、または略してである。

「太陽灯」と呼ばれていた。紫外線を欲するがゆえに、人類は〈人工の太陽〉を作っていたのである。

前章でも述べたように、医療に紫外線を利用する場合、自然の太陽光の利用と、人工的な光源の利用があった。デンマークのフィンセンが一八九〇年代から人工的な紫外線を治療のために使用していたことはすでに述べた通りである。

このような紫外線ランプには、主に二つの構成要素があった。その一つは、効果的に紫外線を発生させる光源、もう一つはその紫外線を効率的に透過させるガラスであった。

紫外線ランプの光源について、ローボトム、ナイ、フロインド、マクドウェルらの研究、そして平凡社編『大百科事典』の説明などをまとめると以下のようになる。フィンセンが当初光源として使用していたのは炭素アーク灯だったが、電力を大量に必要とすることなどから、次第に使われなくなったようである。その他にタングステンなどの金属も使用されたものの、水銀灯が一般的に使われるようになる。本章の冒頭で山田が言及した「水銀灯」は、このような文脈の中に存在していたのである。一方、バルブ(電球)も重要な構成要素だったが、通常のガラスは紫外線の多くを吸収するという問題があり、当初バルブには主に石英が使われていた。そのため、紫外線ランプは「水銀石英灯」とも呼ばれていた。ただし、石英は加工が難しくて高価であることから、紫外線透過性のいいガラスの開発が進められるようになる(Rowbottom et. al. 1984, Nye 1990, Freund 2012, McDowell 2013)。

フロインドは、一九二〇年代のアメリカにおいて、ゼネラル・エレクトリック社(General Electric)、ウェスティングハウス社(Westinghouse)、ハノヴィア社(Hanovia Chemical Manufacturing Company)、サンレイ社(Sunray)などの各社が人工の太陽光を製品化していたと紹介している。また紫外線透過用のガラスとしては、ヴィタグラス(Vita Glass)、セログラス(Celoglass)、フレクソグラス(Flexoglass)、コレックスグラス(Corex Glass)など様々な製品が開発されていた。一方、『国民百科大辞典』では、ドイツのウヴィオルグラス、イギリスのヴィタグラスが広く用いられ、米国のコレックスDも有名であると紹介されている。

日本における紫外線ランプの開発については概略だけを紹介しておこう(金 二〇一二)。

第1章でも述べたように、物理学者の長岡半太郎、医学者の田代義徳や土肥慶蔵が紫外線に関心を示すようになったのは一九一四年ごろだったと思われるが、日本の産業界においても、東京電気株式会社の紫外線ランプへの関心が見られるのもほぼ同じ時期のことである。一九一五年、同社の社内誌『マツダ新報』には「紫外線とマツダランプ」という記事が掲載され、「健康に有益」な紫外線を発する「マツダランプ」を紹介している。ちなみに、同社は「マツダ」という商標で、ゼネラル・エレクトリック社の電球の生産を日本国内で請け負っていた（橋爪・西田編 二〇〇五）。

この時期はちょうど第一次世界大戦とも重なる。戦争により、日本はドイツからの輸入に依存していた光学用ガラスなどの特殊ガラス技術が軍需技術として喫緊の課題とされ、ガラスに関する研究が進められるようになる。

一方、水銀スペクトルの実験で紫外線による目への悪影響に悩まされていた長岡は、紫外線をさえぎる電球の開発を求める一方で、アメリカやイギリスの工場などを見学した経験に基づき、一九二一年の『照明学会雑誌』上では、紫外線透過用のガラスを研究する必要性も強調していた（「英米視察談」）。

そしてこのような背景の中、東京電気株式会社では京都帝国大学で化学を学んだ不破橘三を中心に、また大阪工業試験所でも京都帝国大学で化学を学んだ杉江重誠を中心に特殊ガラスに関する研究が進んでいくことになる。

図3は、筆者が二〇〇七年二月に東芝科学館（当時）で撮影した「ギバ太陽灯」の箱のふたの写真である。太陽から放たれている光線は、本当は目に見えない紫外線のはずだが、この光線を人が気持ちよさそうに受けている。佐藤太平の『紫外線療法（特に太陽灯療法）』には、日本

図3　ギバ太陽灯
出典：川崎市・東芝科学館（当時）にて筆者が撮影

石英工業株式会社と東京電気株式会社との共同で、一九二四年に日本製の紫外線ランプが作られたと記載されており、平凡社編『大百科事典』には「ギバ太陽灯は東京電気株式会社が製作」したと説明されている。一方『東京電気株式会社五十年史』にも、同社が一九二四年以降、「ギバ太陽灯」の発光管などを製作したという説明がある。

このような流れの中で、「人工太陽」の意味が変わっていくことになる。一九二六年、当時科学ジャーナリストとして知られていた原田三夫は『科学画報』に「太陽を人工で作る話」を寄せているが、ここでは「人工の太陽」は主にエネルギー源として期待されていた。ところが同年、医学博士の佐藤太平は『婦人之友』に掲載された「万病に特効ある紫外線（太陽灯）療法」の中で、「人工高山太陽灯」を「簡単に太陽灯」と呼んでいる。また『国民百科大辞典』にも「最近は人工的に紫外線を発生させる太陽灯が発明され、病者や虚弱者に対して盛んに用いられる」という説明があり、「太陽灯」は紫外線ランプを意味している。ここで太陽に期待していたのは、光や熱よりも紫外線だったのである。

一方、一九三一年の『科学画報』に医学博士の大田一郎が寄せた「人工太陽の礼賛」では、全天候で使用可能な「人工太陽」(＝紫外線ランプ)が「礼賛」の対象にもなっている。

ただし、同時代の医学の専門家からは批判的な意見もあった。日本におけるレントゲン学や温泉治療のパイオニアの一人として知られる藤浪剛一は、一九三〇年の『科学知識』に掲載された「目醒めた医科電気」の中で、「物理学の応用」や「電気の利用」などと宣伝されている製品の多くは「羊頭狗肉」だと皮肉っていたのである。

「太陽灯浴室」と紫外線の「注射」

一方、このように「太陽」の含意が変容していく中、「人工太陽」の〈見えざる光〉を集団で浴びる光景も見られる。一九二九年の『科学画報』上で倉敷労働科学研究所所属の医学博士、石川知福は、スイスのサナトリウムを見学した経験に基づき、「人工太陽灯」を浴場に設置することを提案していたが(「瑞西《スイス》の高山サナトリウム巡り(二)」)、前章で紹介したように日本における紫外線療法の嚆矢《こうし》ともされる土肥慶蔵は、同時期において紫外線を浴びるための専用の「浴室」を提案していた。

上記の石川の記事が掲載された一九二九年からは、『紫外線』という月刊の小冊子が土肥を中心に刊行されている。出版元は「日本ハノヴィア石英灯」となっているが、「(水銀)石英灯」が紫外線ランプを意味することはすでに説明した通りである。一方、「日本ハノヴィア石英灯」と前出のハノヴィア社との関係について筆者は現段階で把握できていない。この『紫外線』には「土肥式太陽灯浴室」の広告が掲載されているが、ここでは以下のように説明している。

本灯は小学齢における虚弱児童の健康増進を目的とせる多人数全身照射用太陽灯にして、斯界の泰斗東大名誉教授医学博士、土肥慶蔵先生のご創案になるものなり。

図2(第2章扉)は一九三二年二月に撮影された写真で、場所は「東京市神田区西神田小学校」となっている。ちなみに、一九二六年の『児童研究』には、東京市内の小学校で初めて「日光浴室」を導入したのは、麴町区上六小学校であると記載されている(「麴町上六小学校の日光浴室」)。また、二神哲五郎の『紫外線・赤外線』にも集団で紫外線を浴びている小学生たちの写真が掲載されている。

一方、図4には紫外線浴室を使用している女性労働者たちの姿が写っている。第3章で確認するように、当時紫外線は恵まれざる人々にも公平に配分すべき資源としても認識されていた。

なお、この二枚の写真では、紫外線浴室に入っている人は全員がゴーグルを着用していることにも注目していただきたい。前述の長岡の事例からも分かるように、当時すでに紫外線が目に有害であることは分かっており、紫外線浴室を利用する際には保護メガネが必要とされていたのである。

図4　工場で「土肥式紫外線浴室」が使用されている光景
出典：『紫外線』第74号，1935年

ちなみに、一九三〇年代後半になると、人体への紫外線の「注射」も話題として取り上げられるようになる。一九三七年の『子供の科学』には、発明ニュースとして「紫外線を身体へ注射する」という記事が掲載されている。ただし、「浴室」とは違い、多くの人にとって「注射」とは可能であれば避けたいものだろう。同年の同誌には、済生会病院レントゲン科の野沢典美による「お医者さんの使う電気」が載っているが、ここでは「電気を使うと痛い注射や手術を受けずに済む」と紹介されている。そもそも、前述のように、紫外線を用いた医療は「苦い薬や痛い手術を必要としない理想的な治療法」の一つだったはずではないか。

医療機器から家電製品へ

このような流れの中で、紫外線ランプは患者を治療するための医療機器としてだけでなく、日常的な生活空間の中で保健・衛生のための電化製品という意味も持つようになっていく。図2(本章扉写真)の「土肥式太陽灯浴室」には医学者の土肥が立ち会っているが、当時の電機メーカーは紫外線ランプを家電製品としても位置づけようとしていた。

一九三〇年、東京電気株式会社は一般向けの紫外線ランプとして「バイタライトランプ」という商品を発売することになる。この意図について当時の販売部長だった清水与七郎は、社内誌『マツダ新報』で、まず紫外線療法の流行によって多くの医療機関では「石英水銀弧灯所謂《いわゆる》太陽灯」を設備することになったものの、家庭用としては価格が高いなどの難点があったと振り返っている。そのうえで清水は、一九三〇年の秋に発売された「バイタライトランプ」の場合は、取り扱いが簡単で危険もなく、さらに価格も比較的安いため「家庭の常備品」になることが期待できると述べている(「昭和五年度に於ける照明界の進歩」)。

一九三四年に刊行された『我社の最近二十年史』には、東京電気株式会社が一九二四年に紫外線ランプを開発したものの当初は需要が少なく、「最近」になってようやくその需要が増加してきたと書き記されている。一九二〇年代後半以降の紫外線ブームが、このような新製品の発売の背景に存在していたのである。

図5は銀座のデパートのショーウィンドーで「バイタライトランプ」が宣伝されている光景である。日本を代表する繁華街の華やかな舞台で大々的にアピールしていたのである。特にここでの「人工紫外線に依る市民の健康増進」というスローガンは、本章で見てきた流れを凝縮しているようにも思える。一方、ここには洋装をした「モダン」な女性が赤んぼうの健康のために紫外線ランプを使用しているシーンが設定されているが、この光景は、次章で確認する「科学的母性」という言説とも無関係ではないだろう。

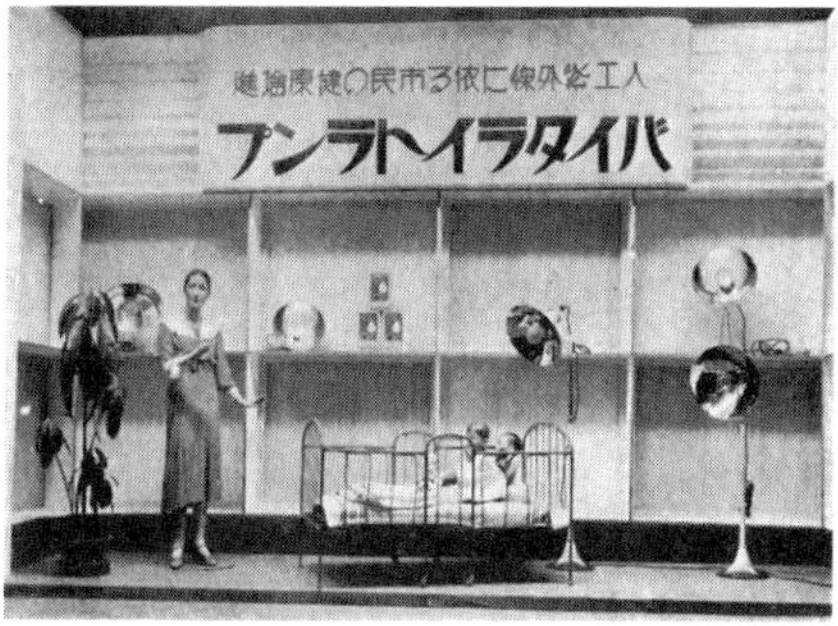

図5　銀座のデパートでの紫外線ランプの宣伝
出典：砂田茂「バイタライトランプ販売商戦に就て」『マツダ新報』

ほぼ全身に紫外線を受けるための家電製品は、現在はなかば忘れ去られている技術なのかもしれない(このような忘却の問題については終章で検討する)。しかし発売当時の一九三〇年、東京電気株式会社の社内誌『マツダ新報』上では、「新製品紹介　バイタライトランプ」という記事で「紫外線の透過率の頗る良いバルブ」を有する「人工的の太陽」として宣伝されていた。さらに、一九三二年の『科学』に掲載された「研究室概観」には、この「バイタライトランプ」が東京電気株式会社研究所の成果の筆頭として登場している。当時紫外線ランプは同社の科学的な研究成果を代表する製品の一つだったのである。この「バイタライトランプ」は、『国民百科大辞典』でも紫外線の光源の一つとして紹介されている。

ところで、当時の日本において紫外線機器に関心を示していたのは東京電気株式会社だけではなかった。たとえば、一九二〇年代から紫外線を応用した物質鑑識器を製作していた島津製作所と日本レントゲン学会が協力して、一九二八年ごろから開催していた「レントゲン講習会」では、紫外線の生物学的な作用に関する発表や講演も行われていたようである（後藤編　一九六九）。紫外線が〈健康線〉として注目されるなか、各社では当然の如く経営努力をしていたのである。

「ロードビルダー」

実際、紫外線ランプの販売は当時の電機メーカーだけでなく電力業界の経営戦略の一環としても意味を持っていた（金 二〇一二）。一九三一年、『マツダ新報』には「バイタライトランプをロードビルダーとしての電灯会社増収策」に関する懸賞論文の募集が掲載されている。ここでの「ロード」とは電気負荷（load）のことで、また当時は一般家庭においてはほぼ〈電気＝電灯〉だったため、多くの電力会社が「〇〇電灯」という社名を持っていた。つまりこの論文募集の目的は、紫外線ランプが電力需要の増大に貢献できる方法を探るところにあったのである。

一方、この懸賞論文で二等当選（一等は「該当するものなし」）した東京電灯株式会社（つまり電力会社）の鈴木岩雄の論文（「電灯会社の増収策とバイタライト・ランプ」）によると、電灯の普及率が当時の日本ではすでにほぼ飽和状態に達していたため、新しい電力需要を開拓する手段として、この紫外線ランプは注目に値するものであった。特に、不可視光線である紫外線を使用するのは主に昼間であることも重要なポイントの一つだった。明るい光を求めて電灯を使う時間帯は主に夜のはずだからである。

橋爪紳也・西村陽編『にっぽん電化史』によると、日本の一般家庭では当初電灯以外の電化製品はほとんど普及せず、多くの人にとって事実上〈電気＝電灯〉であった（だから、現代でも「電気をつける」「電気を消す」の「電気」とは、テレビでも冷蔵庫でもなく照明を意味している）。ところが、一九三〇年代前半の段階で、すでに日本における電灯の普及率は九〇パーセントに達しており、〈電灯＝電気〉の需要は頭打ちの状態であった。その一方で、水力発電量は一九〇七年から一九二五年の間に二〇倍以上にも増えていたため、余剰電力の問題、とりわけ〈電灯＝電気〉をあまり使わない昼間の電力需要の問題が、当時の電力業界にとっては経営上の喫緊の課題であった。したがって、昼間の使用が期待される（照明器具ではない）紫外線ランプは、電気アイロンやラジオなどと同様、昼間の電力需要を増やすツールとして期待されていたのである。

ところで、紫外線ランプは実際にどれほど普及していたのだろうか。原克の『図説 20世紀テクノロジーと大衆文化』では、当時の科学雑誌に登場する太陽ランプについても紹介している。また『健康法と癒しの社会史』で田中聡は、一九一〇年代から一九三〇年代における「健康ブーム」を説明する中で、人工太陽灯にも言及している。宝月理恵の『近代日本における衛生の展開と受容』では、近代日本における衛生の実践を説明する中で、肝油の服用とともに紫外線ランプにも触れている。一方、一九三六年の『東京電灯株式会社開業五十年史』によると、一九三五年度においてバイタライトランプは一三五四個が販売されているが、同期間中の他の品目の販売実績をみると、電球が九二万一三八九個、電気アイロンが一万五八九個、ラジオが一万一一五七個、電気コタツ・蒲団・ストーブが九三二一個、などであった。

一九三六年の『マツダ新報』に掲載された「健康照明に就いて」(三浦順一)は、東京電気株式会社の紫外線ランプが東京並木製作所の事務所や東京地下鉄の従業員詰所、東京株式取引所、東京駅二等出札所、共同建物ビルの重役室および地下室、日比谷公園プール、そして東京日々新聞社の配電室などに普及していると報告している。「健康照明」というスローガンについては次章で詳述するが、紫外線が届かない室内の共有スペースに紫外線ランプが普及しつつあった様子がうかがえる。

二　紫外線の産業応用

人工のビタミン

ところで、紫外線の効能がビタミンDと関係しているとするならば、紫外線だけでなく、ビタミンDを製造する方法も考えられるはずである。一九三一年の『マツダ新報』に掲載された「太陽エキスの壜詰《びんづめ》」という記事では、紫外線を「太陽エキス」に、そして紫外線ランプをそのの(いつでも、どこでも利用できる)瓶詰めにたとえているが、フロインドによると、アメリカでは紫外線を照射したビタミンD強化牛乳の宣伝に「日差しの瓶詰め」という表現も使われていた。

前章でも紹介したように、一九二四年ごろからヘスやスティーンボックらによって、様々な食品に紫外線を照射するとくる病に対する効果が生じることが明らかになってきたが、特にスティーンボックはその商品化にも関心があった。もともと牛乳にはビタミンDがあまり含まれていなかったが、紫外線照射によってビタミンDを強化した牛乳が発売されるようになり、これがヨーロッパやアメリカではくる病対策に貢献したともいわれている。ちなみに、他にもビタミンDを強化したパンやシリアル、ビールなども商品として登場するようになる（Apple 1996, Freund 2012, McDowell 2013）。前出の紫外線照射アイスクリームの話も、詳細について筆者はまだ把握していないが、少なくともこのような文脈で理解することはできるかもしれない。

日本でも、一九三二年に「ビタミン博士」の鈴木梅太郎が『科学画報』に「合成食品は完成近し」という記事を寄稿してビタミンの合成についても説明していた。一九三六年には、医学博士の有本邦太郎が『科学ペン』に掲載された「食味と栄養」で、研究によってビタミンの科学的性質が分かってきただけでなく、その合成の可能性も見えてきたと述べている。また一九三七年の『育児の智識』（芳山龍）には、ビタミンD関連の医薬品やサプリメント類として、「ビガントール」（バイエル）、「オポラール」（藤沢）、「オリーゼ末」（乾卯《いぬいう》）などが紹介されている。

テクノロジーは、〈ビタミンDのある食生活〉のための道具でもあったのである。

養蚕分野への応用を模索

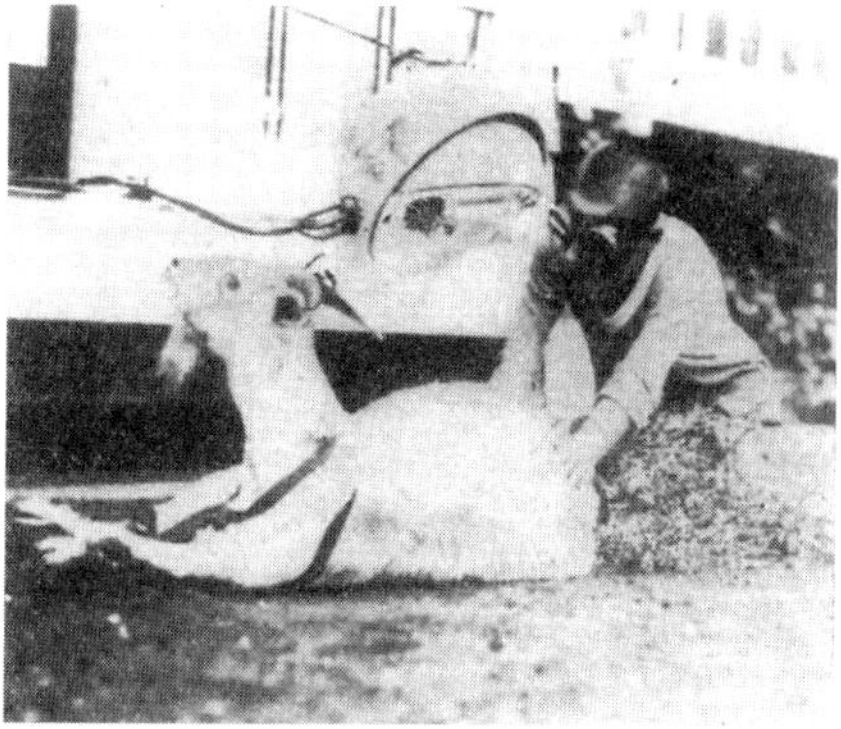

図6　ヤギに紫外線を照射している光景
出典：二神哲五郎『紫外線・赤外線』

ところで、食品分野だけでなく、畜産分野でも家畜に紫外線を照射する動きがあった。前章で見たように養鶏分野はその〈本家〉になるが、フロインドによると、前出のハノヴィア社は一九二五年に、「より健康なニワトリ、より多くの卵、より強い卵殻」のために「卵とヒナにもっとお金を」というパンフレットを作成しており、大手電機メーカーのゼネラル・エレクトリック社も「科学的な家禽産業」というスローガンを掲げていた。さらにこのような試みは他の動物にも応用され、図6ではヤギが紫外線を浴びているが、イギリスやアメリカでは動物園に紫外線透過用ガラスや紫外線ランプを導入する動きもあった（Freund 2012）。

ところで、日本においては、養蚕分野の関係者が紫外線照射に注目していた様子も見られる。当面の関心は、紫外線がニワトリのような動物の健康に有益であるならば、カイコの健康にも同様の効果があるのではないか、という期待であった。このような動きも、日本における紫外線ブームが本格化する一九二七年ごろから始まっている。一九二七年、佐々木周郁と桂応祥は、『九州帝国大学農学部学芸雑誌』に「蚕に対する紫外線の作用について」という論文を発表しているが、ここで彼らは、カイコが「我が国における最も重要な動物の一つ」という観点から研究を行っていた。また同年、熊本医科大学生化学教室の加藤七三らも『熊本医学会雑誌』にカイコに対する紫外線の影響について論文(「蚕体に及ぼす紫外線の影響(第一報)」)を発表しているが、ここで加藤らは「病理的立場」だけでなく「産業的立場」にも注目していた。当時の日本経済における養蚕業の位置づけと無関係ではないと思われるが、この他にも、特に一九二七年から一九二九年にかけて、養蚕関係の雑誌などに紫外線に関する論文が多数発表されている。

一方、このような動きに対しては電機・電力分野も関心を示していた。農事電化協会が発行する雑誌『農事電化』には一九三〇年に「蚕児電灯飼育に就て(二)」という記事が掲載されており、そのメリットとして「健康に成長」、「用桑の節約」、「燃料費の節約」、「労働力の節減」などが挙げられていた。また翌年の同誌に掲載された「紫外線の蚕卵に及ぼす関係実験」では

「好影響」と報告している。さらに、一九三二年の『電気工学』上で「伊予鉄道電気株式会社電灯課長」の高岡慎吉は、「豊水期に於ける過剰電力を有利に消化する」方法の一つとして養蚕に電灯を利用することに注目していた（「電照養蚕灯に就て」）。ただしここで高岡は、紫外線だけでなく可視光線と赤外線の効果にも言及している。

ところで、カイコの健康増進のための紫外線照射という動きからは所期の成果は得られなかったようで、二神哲五郎の『紫外線・赤外線』では、紫外線はカイコの身体に有害だからカイコを日光に当ててはならない、と述べている。しかしながら、養蚕関係の分野では、後述するようにテーマを変えて紫外線に関心を持ち続けることになる。キーワードは〈蛍光〉であったが、これは養蚕業に限らず、様々な分野とも共通するものであった（なお、本書では蛍光灯の歴史については割愛する）。

蛍光による物質鑑定

一九二六年、前章でも紹介した桜井季雄の「紫外線の話」（『科学知識』）では、紫外線照射による蛍光が軍事上の秘密通信や物質鑑定に応用できると紹介していた。翌一九二七年一〇月には『大阪毎日新聞』紙上に京都帝国大学医学部教授の小南又一郎による「紫外線は色々の犯罪をあばく」というシリーズ記事が連載されているが(二〇〇九年一一月に神戸大学附属図書館が作成した電子データから引用)、ここで小南は基本的には紫外線蛍光の法医学への応用について説明しながら、その他にも、牛乳や各種薬品、そして日本養殖真珠と天然真珠、天然ルビーと模造ルビー、絹糸と人造絹糸などの識別も可能であると説明している。

また一九二八年の『科学知識』の「紫外線による物質の鑑定」で、著者の高岡斉と川上祐雄は、真珠やルビー、ダイヤモンド、翡翠《ひすい》、オパール、珊瑚《さんご》などの宝石類、天然絹糸(とレーヨン)、人造羊毛、紙のような繊維類、牛乳(と米のとぎ汁、豆乳)、バター(とマーガリン)、穀粉(大麦、小麦、馬鈴薯《ばれいしょ》、ソラマメなど)、糖類のような食料品、そのほか油脂類、薬品類などに対して、紫外線照射による蛍光を用いて鑑別する方法を紹介している。一九三〇年の『科学画報』に掲載された「人工太陽灯と其の応用」という記事でも、このような方法が診断学、法医学、犯罪学、商品学、薬物学、化学工業、畜産学、蚕業などに応用できると説明されている。見えざる紫外線は、見えない領域を可視化する力を有していたのである。

一九二七年の『日本農芸化学会誌』には平塚英吉と佐々木林治郎による「紫外線を投射したる食物の色に就て」という論文が掲載されているが、平塚らは紫外線に関する各分野での研究動向を俯瞰《ふかん》しつつ、まだ食物については組織的な研究が行われていないという問題意識から、紫外線の食品分野への応用可能性を探っていた。そして平塚らはここで、国産のはるさめと中国産のはるさめ「粉条子」、穀物類や乳製品、鶏卵、酒類や油脂類など、様々な食物の品質および真贋、そして防腐剤や色素の混入などを判別できる可能性があると述べていた。さらに佐々木は、同じ『日本農芸化学会誌』に「紫外線による食物の鑑定に就て」という論文を発表し、紫外線照射を用いて小麦粉とそば粉、粉ミルクの脂肪含量、バターやマーガリンや人造バター、ワインの着色料、焼酎やウィスキーの真贋を鑑定する方法について論じた。

このような流れの中で、酒に関しては、たとえば一九二八年や一九三〇年の『日本醸造協会雑誌』の誌面には醸造試験所関係者による論文が見られ、ワインなどの果実酒、または清酒に紫外線を照射した場合の蛍光に関する研究が行われていた様子がうかがえる。

一方、穀物に関しては、時代はかなり下るが、大原農業研究所の岡彦一による研究が見られる。岡は一九四二年の『農学研究』に発表した論文「紫外線による穀物の蛍光の研究――第一報 穀物の蛍光に関する文献の調査」で、まずは海外での研究動向について網羅的に紹介している。岡は、ドイツやロシアなどではすでにかなりの研究が蓄積されてきたとしつつも、蛍光を正確な数字や言語で表現できない難しさにも言及している。一方、一九四一年の『日本作物学会記事』に掲載された「紫外線による小麦の蛍光に就て」と、一九四二年の『農学研究』に発表された「紫外線による穀物の蛍光の研究――第二報　小麦粒の蛍光に就て、特による小麦の品種鑑識の可能性」で、岡は、紫外線照射による小麦などの鑑定が利用可能ではあるものの、あまり確かな方法ではないと結論づけた。

研究とは未知の世界に道を拓く挑戦なので、当然のことながら失敗の可能性もつきまとう。紫外線への関心が高まる中、様々な分野の専門家たちが紫外線の利用可能性を試み、点検し、場合によっては失敗したりもしていたのだろう。前述のように、〈紫外線によるカイコの健康増進〉に関する研究も所期の成果は得られなかったようだが、蛍光による鑑別との関連では、一九三〇年代を通じて養蚕・蚕糸分野で研究が続けられていた。紫外線照射によるまゆの蛍光色に関する研究、そして紫外線を利用した生糸検査、または人絹と天然絹糸との鑑別については、『蚕糸学雑誌』や『紡織之日本』、『日本農芸化学会誌』、さらには『科学』にも論文や記事が掲載されている。一方、一九三八年にナイロンが発売されたことによって、日本の生糸産業は大きな打撃を受けることになったと言われている。

少年のための科学・技術？

紫外線の各産業分野への応用は、領域によってその実用性にばらつきがあったようだが、このように幅広い分野で展開されていた紫外線ブームは、科学・技術に関するある種の〈文化〉を醸成しつつあったといえる。ヒロミ・ミズノは、戦前日本の科学言説の中で「驚異」が持っていた意味を指摘しているが（Mizuno 2009）、見えざる紫外線もこの「驚異」を呼び起こす存在の一つであった。

前述のような、紫外線による物質の鑑定は、当時の少年雑誌でも話題となっていた。一九三二年の『子供の科学』には児玉東一による「紫外線と蛍光」という記事が載っているが、ここでは紫外線の治療効果やビタミンDとの関係、紫外線とガラスとの関係とともに、紫外線照射による蛍光を利用した物質鑑定が紹介されている。

ところで、すでに同誌では、その六年前に紫外線を用いた鑑識が小説の題材にもなっていた。一九二六年に連載された小酒井不木の作品「科学探偵小説　紫外線」では、ある少年が紫外線に関する科学知識を駆使して難題の犯罪事件を解決するストーリーが展開されている。解決のカギとなったのは、紫外線治療室（水銀石英灯）を持つ病院という施設と、科学的捜査や真偽の鑑別に利用できる、紫外線蛍光に関する知識であった。目に見えない紫外線は（前章で見たように赤外線もそうだったが）、探偵小説に題材を提供していたのである。

このような「驚異」は、当時のポピュラーサイエンスの空間において、紫外線に関する一つのキーワードになっていく。一九二八年には物理学者の山田幸五郎が『子供の科学』に紫外線の実験と製作に関する「紫外光線の応用　医療科学の驚異」という記事を寄せており、一九三〇年の『科学画報』には奥貫一男（東京帝国大学理学部植物学教室）による「驚異すべき生物体の紫外線放射」と、寮佐吉による「紫外線顕微鏡の驚異」が掲載されている。また、一九三三年の『科学画報』には、吉城肇蔚（理化学研究所）が同じタイトルの「紫外線顕微鏡の驚異」を寄せている。紫外線は、〈科学の驚異〉を伝えるツールの一つにもなっていたのである。

その中で、軍事技術もこの「驚異」の一つの要素になっていた。たとえば一九二九年の『科学画報』には、「陸軍科学研究所所属」で「陸軍砲兵少尉」の山川亀吉が「紫外線通信の不思議」の著者として登場し、紫外線を利用した秘密通信が可能であると説明している。目に見えない紫外線には「不思議」というイメージも付けられたのである。なお、紫外線とジェンダーにかかわる話題については次章で改めて検討するが、ここでは、紫外線が語られている文脈が少なくとも第1章で言及した「美しくなる科学」とは異なっていることだけは確認しておきたい。

このような科学の「驚異」や「不思議」に加えて、「万能」のイメージも登場することになる。一九三二年の『子供の科学』上では、日本医療電気株式会社の黒沢四郎が電車や電灯などとともに紫外線ランプを例として挙げながら、「電気万能の世界」を描いている(「電気を利用した医療器械」)。

このように紫外線は「驚異」や「不思議」、または「万能」の感覚を大衆科学雑誌の読者たちに提供していたのだが、それと同時に、紫外線を作り、測るといった科学的・技術的な活動にも参加してもらうように促す動きも存在した。

一九三二年、『子供の科学』製作部主任として本間清人は「人工太陽灯の作り方」という記事を載せて、若い読者たちに紫外線ランプの作り方を伝えている。一方『科学画報』では、一九三四年に理化学研究所員で工学士の二神哲五郎が、「夏の太陽をあばく」という記事で紫外線測定法について説明していた。読者は、紫外線のすごさに驚くだけでなく、自ら手を動かして紫外線を体験する存在でもあったのである。

このように、紫外線の驚異は近代的な科学・技術文明の素晴らしさを誇示する手段の一つであったが、同時に科学を超えた世界にいざなう側面も持っていた。詳細については後述するが、「驚異」や「不思議」、「万能」といったイメージは、科学的な理性の領域を超えて、神秘的なイメージと結びつく可能性もあったのである。

三　紫外線をさえぎる〈現代文明〉

現代文明をめぐるジレンマ

そもそも紫外線ブームには、科学と技術が発展した現代文明をめぐるジレンマが存在していた。一方において、ビタミンDや紫外線の効果を発見したのは近代科学の進歩によってであり、最新のテクノロジーは太陽の働きをも再現できる力を持っていた。しかしながら、現代的な技術文明はわれわれを太陽から遠ざけ、必要だとされる紫外線をさえぎる存在でもあった。〈紫外線不足〉という問題に対して、現代技術文明はその解決策を提示する以前に、問題自体の原因でもあったのだ。このように、紫外線ブームの中で、現代技術文明に対する批判的な声も聞こえてくるようになる。

一九二八年、医学博士の藤田宗一は『科学知識』上で、日本には高山療法に適した場所が少ないことを理由に、人工太陽灯が自然の日光より優れていると主張した（「紫外線の医治学的応用」）。また一九三〇年には「結核療養飛行船」が掲載され、飛行船を使用して高層の空気と日光を結核患者のために提供するという内容も紹介されていた。ここではもちろん結核の治療に日光療法が有効ではないかという当時の期待が前提となっているのだが、現代のテクノロジーは、このように新しい力を人類に与えたはずであった。

しかし同時に、日光や紫外線の不足は、現代技術文明が引き起こした問題でもあった。特に都市化や産業化といった現代文明が危惧の対象となり、さらには〈反文明〉の言説につながる可能性も存在していたのである。一九三三年の『科学画報』上で医学博士の秋葉朝一郎は、科学の進歩が日光の効果を認識させてきた一方で、文明の進歩は人々を日光から遠ざけていると指摘した(「日光浴の最新学説」)。〈太陽の恵み〉をめぐって、科学の進歩と文明の進歩の間には矛盾が存在していたのである。一方、一九三一年、前出の「太陽エキスの壜詰」(『マツダ新報』)では、科学が発展した二〇世紀の現代文明においては、その恩恵が普遍的・不変的なはずの自然の日光がもはや日常的なものではなくなったとしつつ、その一方で現代科学はその太陽光線を瓶詰めにすることで、いつでもどこでも利用できるようにしたと述べている。現代技術文明は、一旦は太陽光線をさえぎった後、それを違う形で人々に提供したのである。

現代都市文明は、二重の人工的なフィルターで紫外線をさえぎっていた。その一つは産業化に伴う環境問題としての煤煙《ばいえん》、もう一つは都市化に伴う人工的な生活環境であった(金 二〇〇七)。産業化された地域では、上空の煤煙が紫外線をさえぎる。また多くの人にとっては、居住空間だけでなく労働空間も室内に移動し、十分な日光を浴びることができなくなった、とも指摘されていたのである。まるで屋内で飼育されるニワトリがそうだったように、ともいえるだろうか。

煤煙が紫外線を遮断する

一九三二年二月九日付の『読売新聞』には「都市生活者には怖ろしい　煤煙の脅威!」という記事が掲載されており、そのサブタイトルには「大切な紫外線は妨げられるし」という表現が見られる。都市生活者には「健康に最も必要な紫外線の大部分」が届かないために、様々な健康問題が生じているということであった。また翌年に二神哲五郎は『紫外線・赤外線』で、日光の中で「有用」な紫外線が足りないとされている地域として、前述の富山や秋田などとともに大都市を挙げ、その理由としては都市の上空では煤煙やちり、ほこり、そして水蒸気などによって紫外線が失われているためだと説明していた。

前章でも見たように、イギリス出身の医師パームは、イギリスのように産業化・都市化された地域とくる病との関係に注目していたのだが、くる病に対する「イギリス病」または「英国病」という表現は、ここまで紹介してきた日本語文献に限っても、一九二七年の『東洋学芸雑誌』に掲載された鈴木梅太郎の記事、一九二八年の佐々廉平による『文藝春秋』の記事、平凡社編『大百科事典』、二神哲五郎『紫外線・赤外線』など、枚挙にいとまがない。この名称の由来については、一六五〇年にイギリスでグリッソン(Glisson)が初めて、くる病について詳述したことで「イギリス病(Die Englische Krankheit)」という別名が付いた、という説明も見られるものの(平凡社編『大百科事典』)、少なくともイギリスの産業革命とそれに伴う大気汚染の問題と無関係ではないと思われる(ただし、現在、このような表現を使うことは適切ではないだろう)。

一方、フロインドが説明しているように、二〇世紀初頭のアメリカにおいても、くる病は近代的な都市生活に伴って発生した厄介な問題とされ、紫外線が豊富な住環境を求める動きがあった。特に、都会は日光の届かない「人造の洞窟」とされ、大気汚染だけでなく、街全体に大きな影を落とす高層ビル群、そして住居も作業場も屋内に移った都市生活全般が問題視されていた(Freund 2012)。またカーターは、救世軍の創立者であるウィリアム・ブース(William Booth)が、一八九〇年に、都市の貧しい人々が住む地域の暗い住環境と健康状態との関係を指摘し、〈日光のあたる家〉は都市計画や田園都市運動において重要な位置を占めるようになったと述べているが(Carter 2007)、このような文脈の中で、日照も近代建築における重要な要件となっていくのである。

紫外線に対しては不透明な窓ガラス

ところで、ここにはもう一つの問題があった。一見透明に見えるガラスが、すでに確認したように、多くの場合、紫外線に対しては透明ではなかったのだ。したがって、ガラス張りの明るい空間といっても、必ずしも紫外線が豊富だとは限らなかったのである。黒い煤煙だけでなく、透明な窓ガラスも紫外線をさえぎる人工的なフィルターであった。

当時、この問題は多くの文献で取り上げられていた。一九二七年に逓信大臣官房保健課が出した『空気・日光・水』では、普通のガラスは紫外線の多くを吸収すると紹介しており、一九二八年の『東洋建築材料商報』に掲載された「窓硝子と紫外線」で山田幸五郎も、通常「透明」といわれているガラスでも、そのガラスの厚さと成分によって紫外線透過度が変わると説明している。山田はまた翌年の著書『紫外線』でも、ガラス張りの室内では健康上「有効な紫外線」が遮断されていると述べている。

ここで少し当時の百科事典の記述にも目を通してみよう。平凡社編『大百科事典』では、普通のガラスは紫外線を遮断するので「硝子戸の中で日光浴をしても効果はない」としている。一方、冨山房の『国民百科大辞典』の「紫外線透過用ガラス」という項目は、前出の、特殊ガラスに関する研究に従事していた杉江重誠が執筆しているが、ここで杉江は、ガラスの中に含まれている重金属などの不純物、特に鉄分の含有量が影響して、通常の窓ガラスでは「生理・衛生的の効果はほとんど皆無」だと説明している。

一九三一年、杉江は『科学知識』に掲載された「窓ガラスの話」でも、窓ガラスは一般的に紫外線の多くを透さないことを説明しながら住宅衛生の問題を論じていた。ところで、ここで杉江は窓ガラスが「現代文明の要素」であることは認めていたが、鈴木淳も『日本の近代15 新技術の社会誌』で、窓ガラスを当時の日本における近代的な家屋のシンボルとして紹介している。この〈近代家屋の象徴〉が、〈近代科学がその効果を明らかにした紫外線〉をさえぎっていた、ということになる。

このジレンマと関連して、興味深い記事が一九二八年八月二四日付の『読売新聞』に掲載されている。すでに触れた「健康の元　紙を使って紫外線を室内へ」というこの記事には「今の硝子ではだめ」というサブタイトルが付いているが、紫外線が「健康の元」であるとするならば、そして通常の窓ガラスがその紫外線をさえぎっているのであれば、その論理的な帰結は今の窓ガラスをやめることであり、さらには従来のように紙を使った障子の方がいい、という提案も出てくるのである。ここでは〈近代建築〉は〈近代科学〉によって否定されている形となっており、二つの〈近代〉は矛盾しているのである。

しかしながら、このように〈近代以前〉に戻るという選択肢の代わりに、〈近代〉のテクノロジー側もこのジレンマに対する解決策を用意しつつあった。紫外線ランプの開発において紫外線を効率的に透すガラスは重要な技術的要素だったが、この技術は家庭用の窓ガラスにも転用可能だったはずである。一九二〇年代のヨーロッパやアメリカにおいては、ヴィタグラス、セログラス、フレクソグラスなど、紫外線透過用のガラスが開発されていたのだが、「紫外線透過用ガラス」という項目が『国民百科大辞典』にあることからも分かるように、日本でもこのような特殊ガラスは紹介されていた。たとえば佐藤太平は、一九二六年に『婦人之友』上で、紫外線をよく透す「ウビオール」などに言及しており(「万病に特効ある紫外線(太陽灯)療法」)、朝比奈貞一は一九二八年の『科学画報』に「紫外線を透過させるヴァイタグラスの話」や「窓ガラスの新代用品　セログラスとフレクソグラス」という記事を寄稿している。

「窓なし建築物」

一方、建築分野では佐藤功一が、一九二七年の『科学画報』に掲載された「窓と日光」で、「身体の支柱」である紫外線と窓との関係について関心を示していたが、さらには窓のない建築物さえ提案されることになる。フロインドによると、一九三〇年ごろのアメリカでは窓がなく、その代わりに人工的に紫外線を提供できる工場が登場していた。また、「進歩の世紀」をテーマとした一九三三年と三四年のシカゴ万国博覧会に登場した「科学の殿堂」には窓がなく、「気まぐれ」な日光の代わりに人間が光を制御することが「実用的な新しいデザイン」として提案された。紫外線の供給を自然に任せるのではなく、テクノロジーの力で人為的にコントロールすることが望ましいと考えられていたのである。

このような新しい動きは日本でも紹介されていた。たとえば一九三一年の『科学画報』には伊藤奎二が「人工光線と換気を利用した窓なし建築物」という記事を寄稿しているが、ここで伊藤は、建築物にとって窓は効率的ではなく、普通の窓ガラスは紫外線を透さないと指摘しつつ、窓の代わりに紫外線ランプを使用することによって、いつでもどこでも紫外線を浴びることのできるメリットが生じると主張している。また一九三七年の『科学ペン』では関重広が「照明の発展」という記事で、窓のない百貨店がシカゴに出現し、その内部には日光以上に豊富な紫外線を供給できる電灯が配置されており、最も理想的な状態に保たれていると紹介していた。「人工の太陽」というテクノロジーを駆使すれば、自然から絶縁された「理想的」な室内空間を創出できる、ということである。

「人工太陽」は太陽に取って代われるのか

このように、当時の文脈において現代技術文明は〈紫外線不足〉という問題をもたらしていたのだが、最新の技術にはそれを克服できる力があるようにも見えた。場合によっては、テクノロジーは自然を凌駕するものでもあった。平凡社編『大百科事典』では、紫外線の光源として最も普遍的なものは太陽であるが、常に用いることができるとは限らないため、人工の光源が使われるようになったと解説されている。

しかしその一方で、テクノロジーを用いた自然への挑戦は、不完全な結果になったようである。たとえば、紫外線照射による蛍光のような科学知識の前で、人工物は天然物とは違う、偽物としての顔が暴かれることがある。前出の、一九二八年に『工業評論』の誌面に発表された山田幸五郎の「紫外線の作用と応用」では、「ルビーは紫外線によって美しい紅色を発するがガラス製のまがいものにはそのような性質がない」という表現を用いて、紫外線による真贋鑑定について説明している。また、一九二七年の『大阪毎日新聞』に掲載された記事でも著者の小南は、紫外線照射によって日本養殖真珠と天然真珠、天然ルビーと模造ルビー、絹糸と人造絹糸などの鑑別ができると紹介している。さらに、高岡斉・川上祐雄「紫外線による物質の鑑定」(『科学知識』)でも、真珠や宝石類、シルクなど高価品の鑑定に言及していた。テクノロジーは、天然物のように見える人工物を作る能力を有していたが、皮肉にも、科学にはテクノロジーが作ってきた〈似て非なるものたち〉を明らかにする、見えざる光の力があったのである。

あるいは、現実的にテクノロジーの力が未熟なだけで、将来は技術の発展によって克服が期待できる問題もあったかもしれない。一九三一年の『大日本窯業協会雑誌』誌上で前出の不破橘三は、紫外線透過用ガラスについて、電球用としては一九三〇年から東京電気株式会社によって製造が始まっているものの、当時の日本においてまだ窓ガラスとしての国産品は知られていないと述べている(「紫外線透過硝子に就て(其の一)(其の二)」)。また『国民百科大辞典』で杉江は、このようなガラスが「はなはだ高価」であり、また長時間紫外線を浴びせると劣化するので、まだ推奨できるものはないと説明していた(「紫外線透過用ガラス」の項)。ガラス技術の専門家たちにとっては、さらなる技術の発展こそが解決策だったのかもしれない。

ただし、人工物のリスクが指摘される場面もあった。一九二八年に文化生活研究会によって刊行された『家庭科学大系第六十七 育児学』で、大阪回生病院小児科長の矢野雄は、強い紫外線を人工的に発生させる装置が開発されてはいるものの、その強度が日光の中に含まれている紫外線とはかなりの差があり、危険であると述べている。東京市衛生試験所の有本邦太郎も、一九三〇年八月六日付の『東京朝日新聞』の記事で、夏季に海岸や高山で太陽の紫外線を浴びることは、皮膚の中のメラニン色素が増加して紫外線量を調節してくれるので危険ではないが、ビタミンDを薬から過剰摂取することには危険性があると指摘していた。また一九三七年の『育児の智識』では著者の芳山龍が、ビタミンDの医薬品やサプリメント類について紹介しながらも、このような人工物は天然のビタミンDとは多少性質が異なっており、過剰投与は危険であると述べていた。

『マツダ新報』にも、一九三二年に富士見高原日光療養所長の正木俊二は「光化学的効率を以って目標とするのは誤謬」という記事を寄せている。また、一九三八年の同誌でも慶應義塾大学医学部の原島進は、「菫外線の生理作用に就て」で「人工太陽灯は天然の日光とは異なる」としつつ、「極僅かの波長の差でも生体には驚くべき作用の違い」が生じると注意を促していた。医療界の立場は、モノづくりの立場とはやや異なっていたのかもしれない。

このように、少なくとも一九三〇年代までの段階において、「人工太陽」は太陽に取って代わる存在には至っていなかったように見える。平凡社編『大百科事典』でも、結局、日光には欠点はあるものの日常生活に密接な関係があり重要である、と認めている。自然は、そう簡単に真似できる存在ではなかったようである。

「文明病」「都会病」としての紫外線不足

一九二七年、『診断と治療』誌上に発表された前出の論文で田村均は、日光または紫外線の不足という問題を「文化発達」に伴う社会的現象の一つとして認識していた。また、一九三二年の『科学知識』には医学博士の高野六郎が「健康と空気と日光」という記事を寄せているが、ここで「文明人の冬の生活の日光飢餓」に言及していた。一九三六年の『糧友』には、理化学研究所の鷲見瑞穂による「都市生活者とビタミンD」が掲載されているが、鷲見はくる病を「文明病」と呼んでいる。文化または文明の発展によって人々が太陽と距離を置くようになったことが問題視されていたのである。

一九三一年の『科学画報』の「人工太陽と動物」で、このような問題を「都会病」と呼んでいるように、これは特に都会の問題ともされていた。『紫外線・赤外線』で二神哲五郎は、「田舎の小学生」が「五月人形の金太郎さん」のように立派に日焼けしているのに対して、東京の都心部の子どもは、顔は白くて肌が薄い、という印象を述べている。また有本邦太郎は一九三六年の『科学画報』に「都会の健康を奪ふもの」という記事を寄稿して、都会生活者は比較的、栄養状態がいいにもかかわらず、骨格の発育が劣り「腺病体質」であると指摘した。同年有本は『子供の科学』にも「太陽を食べよ」を寄せており、一般に都会人はきゃしゃで、農村部の住民の筋骨はたくましいと述べている。鷲見もまた、都市部には蒼白で病弱な子どもが多いという見解を述べていた。だからこそ、一九三四年の『子供の科学』に掲載された記事「郊外に出でよ」で松岡登は、都市の外に出かけるよう呼びかけていたのである。

これらの議論は、保健・衛生という領域を超えて、価値観の問題にもつながっていた。医学博士の永井潜は一九三二年、『科学画報』に「人間栄養の原理と其《その》天則」という記事を寄せているが、ここでは「賢明なる自然」と「小賢《こざか》しい人間」を対比させながら、「自然に従い、自然を尊び、自然に親しむことが栄養問題の秘訣」と説いていた。栄養問題に対する解決策として、ある種の倫理的な行動を求めていたのである。

このように、紫外線をめぐる当時の言説は、〈文明〉と〈反文明〉のせめぎ合いの中で揺れ動いていたといえる。科学の進歩は太陽光線、特に紫外線の大切さを明らかにしたが、産業化と都市化をもたらした現代技術文明はその〈太陽の恵み〉をわれわれから奪う存在とされた。このような意味で、紫外線ブームには当時の〈現代技術文明〉に対する批判的な視線も含まれていたのである。

こうした状況に対して、本章で確認したように、現代のテクノロジーは「太陽エキス」を瓶詰めにする方法を作り出した。ビタミンD強化牛乳ももちろんこのような瓶詰めの一つだったが、〈太陽にも勝る人工の太陽〉(藤浪剛一『紫外線療法』)はその代表作だったといえる。紫外線ランプによって、人類は「気まぐれ」な太陽光線を再現し、制御し、室内に届けることができたのである。テクノロジーには、人為的に発生した問題に対して人為的な解決策を提供できる力があったのである。

しかしながら、人工物は〈本物の自然〉にはなりきれず、〈天然の太陽〉を求める声も高まっていた。これは、次章のテーマの一つになる。

そして、他にも残された問題はある。「人工の太陽」は、〈いつでも〉〈どこでも〉使えるテクノロジーのはずだったが、〈誰でも〉使えるものだったのかについてはまだ本書で確認していない。実は、「人工の太陽」は、空間的・時間的な制約だけでなく、社会的な制約も克服する必要があった。技術も人工物も、それが置かれている社会的・文化的な文脈と無関係ではないはずだが、これも次章のテーマとなる。

第３章

紫外線が映し出す世相

図７　「健康照明は銃後の護り」という東京電気株式会社のポスター
出典：『マツダ新報』第25巻第11号，1938年

一 〈太陽に近い〉生活

社会の中の紫外線

一九二〇年代後半以降、紫外線は「健康の元」とされ、不足とされた分を技術的な方法で補おうとする動きもあった。しかしながら、前章でも見たように当時の紫外線ブームには現代文明に対して批判的な顔もあり、このような言説には当時の社会的・文化的な文脈も反映されている。その中には差別的な偏見も含まれている可能性もあるが、本書ではできる限り原文の通りに表記しておくことにする。ただし当時と現在では人々が置かれている文脈がかなり違うので、筆者としては発言者本人を非難する意図はなく、その時代を吟味する材料を提供することが主な目的である。

一九三六年、前出の記事「都市生活者とビタミンD」(『糧友』)で鷲見瑞穂は、ビタミンDの問題に関して「ニューヨーク市に移住してきた黒人部落の児童」に言及している。紫外線の問題は当時の「人種」言説とも絡み合っていたのである。また同記事で鷲見は、同様の問題が「母乳哺育児よりも人工栄養児に」多いと述べているが、紫外線やビタミンDは「母性」言説を媒介としてジェンダーの問題とも関連していたのである。

一方、二神哲五郎の『紫外線・赤外線』では、冬場に風邪が流行することと関連して、服装が厚くなることによって紫外線を浴びる量が減ること、そしてビタミンDの豊富な食べ物が少なくなることにも言及している。紫外線と住環境については前章ですでに確認したが、住環境だけでなく、紫外線は衣食住すべてにかかわる問題でもあったのである。

「自然」に近い衣食住

医学博士、有本邦太郎は、衣食住すべてに対して自然や日光の大切さを強調していた。一九三四年の『科学画報』に掲載された「太陽と生命の神秘」で有本は、「文化の進展」とともに人々が衣服をまとい、住居を構えて太陽の直射から逃れるようになった現代においては、様々な疾病が生まれ、虚弱な人が増えてきたと指摘しつつ、食生活との関連では生食をアドバイスしていた。また一九三六年の『子供の科学』に寄せた「太陽を食べよ」という記事で有本は、都会人は農村部の住民に比べて筋骨が貧弱だと主張しながら裸を勧めていた。さらに同年の

『科学ペン』に掲載された「食味と栄養」という記事では、昔の先祖のように、調理や加工をしない「原始的な食べ方」に戻ることを提案していた。〈自然に近い〉衣食住生活を求めていたのである。

一方、一九三八年の『子供の科学』には「不思議なヴイタミンの働き」という記事が掲載されているが、「自然にあるがままの食物を食べている動物にくらべて、いろいろと調理工夫して美食をとっている人間に、栄養上から来た病気が多い」と述べられていた。ここでは、特に〈自然に近い〉食生活が強調されていたといえる。

ところで、住環境についてはすでに前章で確認した通りだが、〈自然に近い〉衣生活となると、それはできるだけ衣服を着用しないこと、つまり裸になることを意味する。フロインドは質素な食事とヌーディズムとの関係にも言及しているが、共通しているのは「文明」の人為的な生活に対する反発であった。ヌーディズムは一九二〇年代のドイツを発信地として、一九三〇年代初頭になるとアメリカでも広がっていくのだが、ヌーディストたちにとって、裸になることは〈健康に有益〉であるだけでなく〈倫理的に正しい〉生活を目指すものでもあった（Freund 2012）。

カーターは、多くの人々は服を脱ぐことに対して抵抗があったと指摘しているが（Carter 2007）、前出の記事（「洋服常用者に是非共勧めたき日光浴健康法」）で田代義徳は、身体を日光や空気に露出することは日本ではそれほど珍しいことでもなく、「数千年」も行われてきた「固有の昔の風俗」だとしている。田代によるこの記事は一九一五年に発表されたものだが、紫外線ブームの到来とともに、佐々廉平の「日光浴と空気浴、海水浴と温泉浴」では、日光浴について「頭部と目だけを覆い、裸体の全身」に太陽光線が当たるようにアドバイスしている。特にこの記事では「少年青年」に日光浴を推奨していたのだが、『国民百科大辞典』でも子どもたちに対して「夏は裸生活」を勧めていた。

ただし、全身を裸にしなくても、ある程度〈太陽に近い〉活動は可能であった。

アウトドア活動

カーターは、太陽を求めてヨーロッパ社会で行われていたアウトドア活動について紹介しているが(Carter 2007)、田中聡の『健康法と癒しの社会史』でも、一九一〇年代から一九三〇年代における「健康ブーム」と関連して、紫外線ランプのような人工物だけでなく、ハイキングなどのアウトドアにも言及している。

登山について、一九二八年に文化生活研究会より刊行された『家庭科学大系第六十七　育児学』では、紫外線の作用は高山が最も強く、子どもたちを登山に慣れさせることを勧めてい

図8　諏訪湖の宣伝パンフレット．筆者所蔵

た。一方、一九二八年の『釣之研究』に掲載された「紫外線と釣」では、釣りに出かけるとかなりの紫外線にさらされるため健康に有益であるとしながら、特に紫外線が豊富な「雪国の釣ならば更によい」と述べている。釣りという趣味活動のメリットの一つとして紫外線に言及しているのである。

このように、紫外線は観光資源の一つにもなりつつあった。図8は筆者が所蔵している諏訪湖の宣伝パンフレット（正確な刊行年度は不明）だが、ここでは「豊富なる紫外線」という表現が使われていることが確認できる。

一方、紫外線と関係のあるもう一つのアウトドア活動としてスキーがあった。紫外線が強いのは夏場だけではない。今でもスキー場に行く人は紫外線対策をしているはずだが、一九三〇年代においては、紫外線が強いことを理由に、冬にはゲレンデに出かけることが推奨されていた。一九三三年一一月二三日付の『東京朝日新聞』に載っている「理想的スポーツ　それは水泳とスキー　行け！雪の山へ」という記事では、医学博士の吉富正一の話を引用しながら

「健康上に極めて有効なスポーツ」としてスキーを紹介している。また一九三四年の『科学画報』に掲載された「医者の見たスキー・スポーツ」という記事で杉本良一は、紫外線の豊富な雪上で結核を撲滅し、くる病を征服することを期待していた。ただし、紫外線は目を刺激するため保護メガネの着用が必要である、というアドバイスも忘れてはいない。

海　水　浴

〈太陽に近い〉アウトドア活動として、海水浴に言及しないわけにはいかないだろう。畔柳《くろやなぎ》昭雄『海水浴と日本人』などによると、近代以前の日本では治療目的の「潮湯治《しおとうじ》」が行われていたが、明治期以降、松本順や長与専斎、後藤新平などの医学者の提言によって日本各地の海岸に海水浴場が整備されるようになった。その一方で、鉄道当局や民間鉄道会社、新聞社の経営努力とともに海水浴場は医療の場から行楽の空間へと変容していくことになる。

ところが、日光浴への関心が高まっていく中、海水浴も新しい角度から注目されるようになる。一九二五年の『婦女界』に掲載された「海水浴と海気浴の注意」で小田俊三は、太陽光線が多く反射される環境が「諸種の有機体を撲滅」してくれると述べている。また一九二六年八月五日付の『読売新聞』では小児科医の上前多三郎が、「暑いうちに皮膚を鍛へなさい　太陽の光線や熱線を充分身体に取入れて」という記事の中で、紫外線には皮膚を健康にして風邪をひきにくくするなどの効果があるとしつつ、皮膚の弱い女性や子どもに海水浴を勧めていた。ただし、海水浴に関しては、紫外線はその〈健康効果〉の一部として扱われていたようにも見える。平凡社編『大百科事典』では、「海水浴」について「人類に対する天恵の一大物理療法装置」であり、「健康増進法の最大権威」であるとしつつ、その効果としては海水による寒冷刺激、海水の波動による機械的な刺激、海水に含まれている各種塩類の化学的作用にも注目しており、太陽光線の影響については紫外線だけでなく赤外線や「各種エネルギー」にも言及していた。また『国民百科大辞典』でも、海水浴の効果について、海洋気候の作用、海水の波動による刺激に対する筋肉運動、冷水による皮膚の刺激などとともに日光の紫外線にも触れている。

むしろ海水浴は、紫外線と関連して、より社会的・文化的な側面に注目する必要があるのかもしれない。カーターやフロインドらの研究によると、もともと病人の療養の場だったヨーロッパの地中海沿岸は、次第に富裕層や有名人の娯楽の場へと変容していき、日焼けには〈健康〉や〈性的魅力〉のようなイメージが付くようになっていった。特に一九二〇年代後半から一九三〇年代にかけて、ヨーロッパでは地中海、アメリカではフロリダやカリフォルニアなどのビーチを中心に日光浴・海水浴が普及するようになるが、この時代になると、より短く、より伸縮性のある水着の登場によって身体をより大胆に露出するようになった。また、日焼けした女性が身体を露出する「ミス・サンタン（Miss Suntan）」のようなイベントとともに、肌の露出は正当化されていったのである（Carter 2007, Freund 2012）。「太陽にキスされる（Kissed by the Sun）」という論文でウロシンが述べているように、肌を露出することは、いうまでもなく社会的・文化的な意味を帯びていたのである（Woloshyn 2013）。

欧米社会における美容観の変化

海水浴や日焼けの流行とともに、ヨーロッパやアメリカにおいては、「肌の色」をめぐる解釈が次第に変化していくことになる。ここでは、カーターやフロインド、セグレイヴが紹介している内容を確認しておこう（Carter 2007, Freund 2012, Segrave 2005）。

一九世紀にギリシャやエジプト、イタリアなどを訪れたイギリスの旅人たちは、〈太陽がいっぱい〉な同地域の人々の日焼けした肌を「ヘルシー」や「セクシー」の象徴と見なすようになり、従来のイギリスの貴族的な価値観では美しいとされていた「白い肌」は、むしろ自然から切り離された、身体的・倫理的な欠陥の表象とされるようになった。

一方アメリカでも、一九〇〇年から一九一〇年ごろまでは階級差別、人種差別的な偏見もあって白い肌色が「上流階級」の象徴とされていた。ところが、多くの仕事が屋外から屋内に移動するとともに、もはや白い肌は労働からの解放を意味するものではなくなった。むしろ経済的・時間的に余裕のある人たちは、前述のようなアウトドア活動を楽しむようになり、日焼けするようになったのである。

このような変化とともに、ヨーロッパやアメリカでは日焼けした肌が美しいという新しい美容観が台頭することになる。特にファッション誌『ヴォーグ *Vogue*』の「一九二九年の女の子は日焼けしなければならない」という表現が象徴するように、一九二〇年代末から一九三〇年代にかけて、日焼けはアメリカの文化としても定着していくことになる。セグレイヴは、紫外線ランプがアメリカで最も人気を博していたのは一九二九年から一九三四年にかけてであると述べているが、この美容観の変化とおそらく無関係ではないだろう。

一方、特にフランスやアメリカを中心に、サンクリームやサンオイル、日焼けローション、そして日焼け止めクリームなどの様々な商品が登場するようになる。その多くは、日焼けを適度に調節しながら、〈美しくて健康的な小麦色の肌〉を目指すものであった。〈太陽に近い〉生活が求められるようになる中で、美容観も次第に変化していったのである。

なお、日本における美容観の変化については後述することにして、まずはこのような動きが日本に紹介されていた一断面を見ておこう。

室内での日光浴?

一九三〇年ごろの日本のポピュラーサイエンスの空間には、紫外線、特に室内で人工の紫外線を浴びている女性たちが登場している。一九三〇年の『科学知識』には東京電気株式会社の関重広が「新しい電球と照明の新傾向」を寄せているが、図9はこの記事に掲載されている写真である。この写真には、「米国のスターが使用しているところ」という説明が付いている。

図9　紫外線ランプの利用
出典：関重広「新しい電球と照明の新傾向」

一方、一九三一年の『科学画報』の、前出の大田一郎「人工太陽の礼賛」で

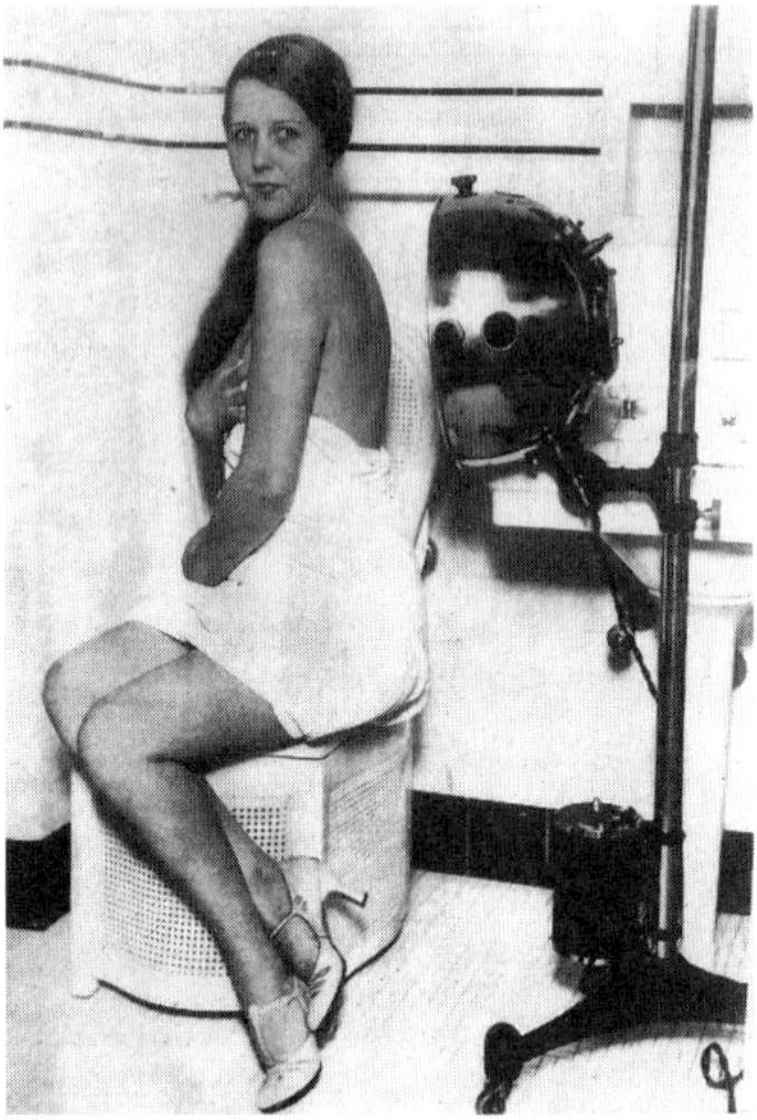

図10 「健康な脚線美を求めるモダン婦人の太陽灯療法」
出典：大田一郎「人工太陽の礼賛」

も、図10および図11のように人工の紫外線を浴びている女性たちが登場している。

ところで、ここでは誰もゴーグルを着用していないところに注目していただきたい。紫外線が目に有害であることはすでに知られていたため、前章でも確認したように、紫外線照射を受ける際には全員ゴーグルを着用していた。したがって、図9〜11の三枚の写真は演出である可能性が高い。フロインドは、当時の紫外線ランプの広告には華やかに見える女性や上半身裸の男性が登場していることに言及している。またセグレイヴは、一九二九年の紫外線ランプの広告に登場する人物が、ゴーグルを着用していないことを指摘している(Segrave 2005, Freund 2012)。このような写真は、当時の大衆科学雑誌がどのような読者層を想定していたのかを暗示しているのかもしれない。

二　紫外線とジェンダー・階級・人種

ジェンダー化される紫外線

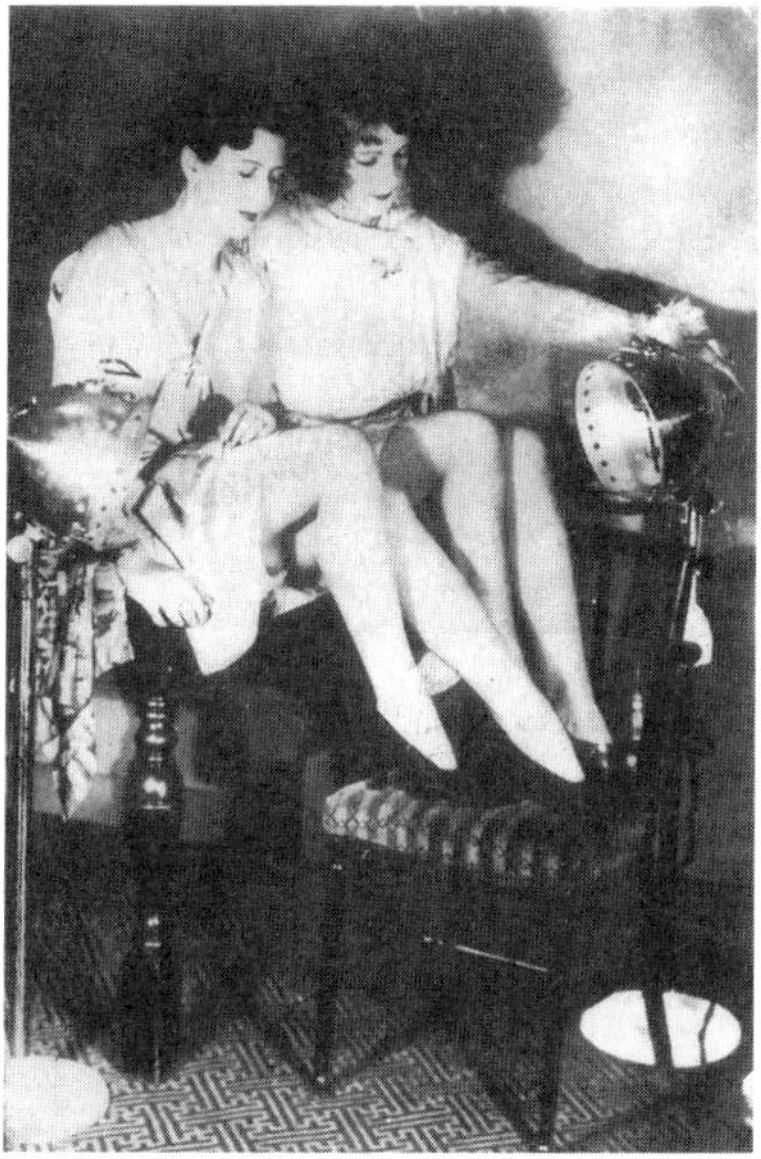

図11　「皮膚の健康に人工太陽光線を応用しているところ」
出典：同前

紫外線に対する態度の変化は、女性のスポーツへの参加、そして活動しやすい服装を求める動きなど、フェミニズムとも関係していたと言われている。また、紫外線を浴びやすい服装に対して、男性よりも女性の方が「先進的」であったという意見もある(Segrave 2005, Freund 2012)。本書の冒頭で言及した「日傘男子」の事例もそうだが、紫外線に対する認識や行動はジェンダーの問題と無関係ではなかったのだ。

大正期の日本における紫外線と美容との関係については第1章でも言及したが、ポーラ文化研究所編『モダン化粧史――粧いの八〇年』には、特に水泳のような運動が推奨される中で女性の野外活動が増加し、それとともに日焼け対策も必要になったという記述がある。一九二六年の『科学知識』には理化学研究所の桜井季雄による「紫外線の話」が掲載されているが、ここで桜井は、肌の色に関して男性は黒くなってもあまり気にしないが、女性にとってそれは大きな「苦痛」であると述べていた。日焼けに対する認識を性別で分けていたのである。一方、一九二九年の『科学画報』では、「家庭のページ」という欄に薬学士の川端男勇による「夏の科学　日やけの防ぎ方」という記事を掲載しているが、ここでは「家庭」は女性の領域として認識されていた。

カーターやアップル、そしてフロインドらの研究は、日光をめぐる問題が特に「母性」言説を媒介としてジェンダー化されていたと指摘している。とりわけアップルは、一九二〇年代と一九三〇年代のアメリカにおいて、女性に「科学的母性」が求められ、真面目な母親がビタミンについて話ができないと恥をかくような時代だったと述べている。母親は子どもたちに日光浴をさせて健康に育てるべきとされ、肝油の宣伝もビタミン強化パンの広告も、その主なターゲットは母親たちであった。一方で、科学的な子育てのためには専門家からの助言を必要としたが、ビタミンや紫外線に関する知識を提供する専門家は主に男性だった(Apple 1996, Carter 2007, Freund 2012)。ところで成田龍一の研究によると(成田 一九九三)、一九二〇年代は「衛生の担い手としての女性が当然視」されるようになった時代であった。第1章でもすでに触れたように(金 二〇〇六も参照)、日本でも女性誌や新聞の「婦人欄」または「家庭欄」などには紫外線に関する記事が多数掲載されていた。

一九二六年の『婦人之友』には医学博士の佐藤太平による「万病に特効ある紫外線(太陽灯)療法」が掲載されているが、ここでも男性の専門家が女性の読者を相手に紫外線について語るという構図がうかがえる。一方、一九二八年の『婦人画報』誌上では、「哺乳児のバロー氏病と佝僂病《くるびょう》」で医学博士の豊福環が子どものくる病について、そして紫外線との関係についても説明している。同年七月二〜三日付の『東京朝日新聞』の「家庭」欄においても、紫外線に関する記事が確認できる。また同年刊行された矢野雄『家庭科学大系第六十七　育児学』にも紫外線に関する説明がある。

このように、紫外線は女性に必要な科学知識として位置づけられていた様子がうかがえる。

一九二九年の『婦人画報』には川口秀史による「万能の紫外光線の話」が掲載されているが、

ここで川口は、「教養ある婦人」は紫外線に関する知識を身につけてきたと述べている。一九三二年、二神哲五郎は成蹊高等女学校の生徒を対象に、太陽紫外線の測定方法を教えていた(『東京市に於ける太陽の紫外線』)。測定という科学的な活動においても紫外線が選ばれているのである。

「母乳」言説も、紫外線をジェンダー化するもう一つの媒介であった。平凡社編『大百科事典』は、くる病の原因と関連して、欧米では主に母乳を与えないことが指摘されていると紹介しており、日本では必ずしもそうではないとしながらも、予防策として日光や肝油などとともに母乳を勧めていた。一方、一九三二年の白井紅白『酪農と牛乳』には、紫外線照射牛乳はくる病に対して効果があるが、乳児に母乳を与えるのをやめることは困難だから、代わりに母親に紫外線照射牛乳を飲ませる場合がある、という記述がある。また一九三七年の芳山龍『育児の智識』では、くる病の罹患率は「母乳児」に比べて「人工栄養児」の方がはるかに高いと書き記している。くる病と関連して、母乳も「科学的母性」の守備範囲とされていたのである。

紫外線格差

ところで、すべての家庭が同じ条件だったわけではないだろう。『大百科事典』では、くる病について、欧米の特に貧しい地域の子どもによく見られる病気だと説明しており、竹広登『体位向上とビタミンの科学』でも、栄養障害としてのくる病は「富裕層には稀」であって「貧困層」に多く見られるという記述が確認できる。この問題は、経済的な格差とも無関係ではなかったのである。

紫外線をめぐる住環境の問題については前章でも触れたが、さらには〈紫外線格差〉ともいえる問題が可視化されていた（金 二〇〇六）。一九三三年九月二日付の『東京朝日新聞』に掲載された「どこが好適か　大東京の住宅地」という記事によると、東京衛生試験所は紫外線の量も含めた各地域の居住環境について調査を行っていた。また一九四〇年の『科学ペン』に掲載された「工業都市と環境」で湯浅謹而は、東京の場合は浅草、深川、神田のような工場地域や人口密度の高いところでは紫外線量が少なく、外苑や麴町のように工場もなく人口密度も低いところでは紫外線が多かったと報告している。

一方、住環境以外にも〈紫外線格差〉は存在していた。すでに一九一五年に田代義徳は前出の「洋服常用者に是非共勧めたき日光浴健康法」で、北欧では貧しい人々にとって転地療養は困難なため人工的な光源が利用されていると指摘していたが、アメリカの状況についてもフロインドが、日光は公平に分配されてはいなかったと述べている。つまり、どこでも、誰でも実践できるはずの日光浴こそ「真に民主的な健康法」だと称える人もいたが、実際にビーチに行けるのは多くの場合ホワイトカラー層であり、時間的、金銭的に余裕のない人々にとってこれは現実的ではなかった、ということである（Freund 2012）。一九三七年二月九日付の『東京朝日新聞』の紙面（「太陽灯基金に一万円寄付　故川上子爵の遺志」）では「山にも海にも行けない」低所得層の子どもたちの状況が紹介されており、日本も例外ではなかったのである。

どの家庭でも紫外線の豊富な場所に移動して登山やスキー、海水浴のようなアウトドア活動を楽しめるわけでないのであれば、前出の瓶詰めが技術的には有効な手段となる。フロインドらの研究によると、アメリカでは旅行に出かける余裕のない人たちのために「毎日四杯のビタミンDミルク」が宣伝されるなど、ビタミンD強化牛乳は貧しい人々にとっても手に入りやすい栄養源となった。

日本の状況について有本邦太郎は、一九三六年の『科学ペン』に掲載された「食味と栄養」で、紫外線に恵まれない都会の子どもたちのために、一部では肝油の服用や人工紫外線の「光浴」が実施されていると紹介している。

ただし、〈紫外線格差〉の背景には経済格差が存在している以上、技術的な対応だけでなく、社会的な対応も必要とされた。一九三三年二月二一日付『読売新聞』の「紫外線浴室を貧困児に無料開設」という記事では、低所得層ほど児童の結核感染率が高いとしつつ、結核の予防を目的とする「白十字会」が東京の神田区(当時)に「大紫外線浴室」を新設し、特に経済的に余裕のない家庭の子どもたちには無料で開放すると報じている(ただし、結核と紫外線との関係については前述した通りである)。また、右記の一九三七年二月の『東京朝日新聞』の記事でも、東京府(当時)の社会事業協会では、低所得層の子どもたちのために、寄付金を基に南千住に「太陽灯」の施設を運営しており、その趣旨に賛同した川上子爵家も寄付金を出すことになったと伝えている。

ここでは「無料」や「寄付」がキーワードとなっているが、「総力戦体制」(後述)の時代を迎えて、紫外線を生産・制御できるテクノロジーを、できる限り公平に配分する社会福祉システムが必要となっていたともいえるだろう。

ところで、このように紫外線という不可視光線をめぐっては国内的な不平等が可視化されていたが、一方では「人種」や「文明」といった言説をめぐる国際政治的なヒエラルキーも存在していた。

「肌の色」、そして「人種」言説

紫外線の量には一国内だけでもかなりのばらつきがあったのだが、世界的に見るとその差はさらに大きくなるはずである。たとえば、フィンセンの出身地である北欧のデンマークと赤道付近とを比較してみたらどうなるだろうか。もちろん、本書で確認してきたように、一九二〇年代以降の紫外線ブームは、科学とテクノロジーといったかなり〈普遍的〉な存在を媒介として世界を移動しており、そのため、これはヨーロッパでも、アメリカでも、そして日本でもある程度共通する現象であった。しかしながら、前述のように、くる病が「イギリス病」とも呼ばれていたことからもうかがえるように、紫外線やビタミンをめぐる視線は世界のどこでも均一だったわけではない。

たとえば、「ビタミン博士」こと鈴木梅太郎は一九三一年、日本では主にビタミンBが、アメリカでは主に子どものビタミンDが、そしてロシアでは主にビタミンCが大きな問題になってきたと述べている（「ヴヰタミン研究の回顧」）。近代以降、日本（の一部）では白米に偏った食事がビタミンB_1不足をもたらして脚気の大発生につながったのである。このようにビタミンの科学と関連して、各地域の気候や食習慣などローカルな文脈も無視できない。これは科学の問題であるだけでなく、社会的・文化的、さらには政治的な問題でもあったのである。

不可視光線の紫外線は人体の皮膚に可視的な痕跡を残すのだが、それが社会的・文化的な表象にもなってきた。紫外線との付き合い方を示す一つの指標としてメラニン色素があるが、それが「肌の色」を媒介として「人種」言説にもつながってきたのである。

文化人類学者の竹沢泰子や自然人類学者の瀬口典子らによると、もはや「人種」という概念は生物学的に有効ではなく、かつての帝国主義的なヒエラルキーの中で創られた「社会的構築物」に過ぎない（竹沢 二〇〇〇、坂野・竹沢編 二〇一六）。実際に、アメリカの人類遺伝学会は二〇一八年に同様の声明を出している。ここでは、このような言説がかつてどのように創られていたのか、その一断面を観察することになる。

セグレイヴは、一九二八年ごろ、特に「ピグミー」を例として、太陽光線を過度に浴びると「小人」になるという言説が存在していたことを紹介している。またフロインドやアップルによると、当時のアメリカの科学者の間では、「強い日差しに適応した人種」が「もともとの自然な環境」から離れると「暗闇の病気」を発症するリスクが高くなり、最も深刻な被害を受けるのは特にアフリカ系の人たちで、「イタリア人」も危険に直面している、という言説が存在していた。一方でカーターによると、一九世紀に当時の「大英帝国」の植民地にいたイギリス人の間では、当該地域の強い日差しの中には身体的・精神的に不健康な成分が含まれているという言説も存在していた(Segrave 2005, Freund 2012, Apple 1996, Carter 2007)。ここでは、日差しを物差しとして、「肌の色」が序列化されていたのである。

ただし、日光に対する認識が変化し、さらに優生学的な言説が加味されると、話はやや複雑になる。カーターが紹介しているストーリーの続きなのだが、熱帯植民地の日差しを「不健康」と見なしていたイギリス人たちが、地中海沿岸の「古代文明」地域の太陽に対しては「健康」や「性的魅力」として解釈し、逆に従来のイギリスにおける蒼白な顔色を「身体的・倫理的に堕落」した「白人の危機」として問題視するようになるのである。フロインドも、「白人」が太陽のパワーを受けなくなると、その文明は危険にさらされるだろうという懸念が存在していたと紹介している。

一九二七年の『診断と治療』誌上に田村均が発表した前出の論文(「小児科領域に於ける紫外線の新研究」)では、一九二四年にHamburgerという人物が表明した見解として、「熱帯地方には天然の強大な日光の力」があり、「極地方には肝油」があるが、「温帯で生活を営む文化人には両者の協力作用が必要」という主張が紹介されている。温帯に住む人たちを「文化人」として優越な立場に位置づけながらも、日光も栄養も足りないのでそれを補わざるを得ない立場としても設定していたのである。

このように、太陽光線、さらには栄養に関する認識の変化が従来の「肌の色のヒエラルキー」を複雑にしつつあったのだが、ここには一九世紀の日本をめぐる議論も含まれている。前出のパームは、当初「先進地域」のイギリスとは対照的に、飲酒の習慣が広がっており、梅毒が蔓延している「非衛生的」な日本で、くる病の患者が少ないことに驚いていた。これがきっかけとなってパームはくる病と日光との関係に注目するようになるのだが、ここでは当時想定されていた「文明のヒエラルキー」とのズレが確認できる。

「肌の色」と「日本人」

ただし、西欧を頂点としていた「文明のヒエラルキー」は、そう簡単に崩れるものではなかった。眞島亜有によると、明治以降の日本社会において「肌の色」とは、欧米列強から軍事面だけでなく身体面においても「文明国」として認めてほしいという願望の反映であったが、「黄色人種という運命」はそう簡単に克服できるものではなかった(眞島 二〇〇四)。一九一五年、「洋服常用者に是非共勧めたき日光浴健康法」で田代義徳は、「固有の昔の風俗」である日光浴を推奨する文脈の中で、「むやみに欧州の風俗に心酔して」肌の露出や日焼けを嫌う当時の風潮を批判していたが、「桜色」が美人の表象として登場したのも一九一〇年代のことであった。

ここまで見てきた記事の中で、たとえば一九二八年の佐々廉平「日光浴と空気浴、海水浴と温泉浴」では、色の黒い人は日光に対して抵抗力が強く、「日光を浴びることの多い国民」は「活発」で「快活」だとしながらも、「熱帯地の土人」や「裸体の土人」という表現も散見される。一九二九年の『科学画報』に掲載された「夏の科学　日やけの防ぎ方」で川端男勇は、「南国熱帯の人々の皮膚の色が黒い」理由を自然環境との関係で説明しているが、ここで日焼けは防ぐ対象となっている。

一方で、軍医としても、文豪としても有名な森林太郎(鷗外)の息子であり、医学博士で当時東京帝国大学の助教授であった森於菟《おと》は一九三四年、『科学知識』に掲載された「皮膚の色の話」という記事で、「白色人種と有色人種」という偏見と差別に憤慨しながら、実際の人々の皮膚の色を注意深く観察、分析していた。「南国熱帯の人々の皮膚の色」を眺めながらも、「白色人種」の視線には敏感な言説空間が存在していたのかもしれない。

特に紫外線と関連しては、このような「有色人種としての日本人」というアイデンティティが、主に欧米から発信されていた科学知識に対するフィルターとして働いていたようにも見える。佐藤太平の『紫外線療法(特に太陽灯療法)』には、ヨーロッパ人と「有色人種の日本人」

とでは、紫外線治療に対する反応が大幅に異なるという説明がある。また鷲見瑞穂による一九三六年の「都市生活者とビタミンD」にも、「気候風土を我国と大いに異にする所の調査」に対して「そのまま我が国民に適用することはできない」という記述がある。

ただし、これは単なるアイデンティティの問題では済まされなかった。戦時中の一九四二年に刊行された竹広登『体位向上とビタミンの科学』では、「一般に有色人種は白色人種に比較してくる病になりやすい傾向がある」と言われており、「吾々にとっては、相当重大な問題」であると述べている。総力戦体制下において、紫外線は現実的な問題でもあったのである。

三　紫外線を動員せよ

紫外線に関する認識は、以上で見てきたように、当時の社会的・文化的な言説とも密接にかかわっていたが、さらには総力戦の時代において、紫外線も政治的な文脈に置かれていくことになる。

近代科学への礼賛と反発

当時の日光療法を紹介している本の中には、古代ギリシャやローマなど、その源流を古代に求める場合が少なくなかった(Freund 2012)。ところで、このように「古代」を求める傾向は、すでに見てきたような、産業化・都市化した「近代」への反発、人為的な生活を強いている現代技術文明に対する批判とも無関係ではなかったのだろう。本書で確認してきたように、紫外線やビタミンをめぐる言説は、近代の科学・技術に対する求心力と遠心力の中で揺れ動いていたのである。

前章で紹介した「驚異」や「不思議」は、この両方の成分を持ち合わせていたともいえるだろう。一方で、これはサイエンスの力に対する賛美であると同時に、他方では科学の領域を超えて、人間の理性では分からない、〈奇跡〉や〈神秘〉の領域とも交わる側面があったのではないだろうか。電気治療と関連して橋爪紳也らや原克は、健康をもたらす「不思議で超越的」な力や「魔法」といったイメージに言及している(橋爪・西村編 二〇〇五、原 二〇〇六)。一方でペーニャは、一九世紀末から二〇世紀初頭までのアメリカにおける「電気治療の黄金期」に登場した紫光線機器(violet-ray machines)に言及しているが(Peña 2003)、佐藤太平は一九二六年の『婦人之友』誌上で、いわゆる「紫光線治療器」と紫外線治療器である太陽灯とを混同してはいけないと注意を呼びかけていた。

一九二九年二月一六日付の『読売新聞』には、「エチエスライト」という、「透過力のある紫外線」があらゆる慢性疾患を治療する「驚異的光線」が登場している。また同年一〇月の『婦人画報』には大阪所在の「太陽光線学会」という団体が「太陽光線療法」という広告を出しており、難病も不思議と治り、「驚くべき効果のある世界的な新療法」として宣伝していた。

ところでこのような語り方は、実は科学・技術の専門家たちの発言にも散見される。一九二五年の『科学画報』に農学士の井上正賀は「新しい健康法　太陽こそ健康の源」という記事を寄せ、太陽は生命の根源であり、生命の母であるとしつつ、太陽と宗教との関係に言及している。また理化学研究所の桜井季雄は一九二六年の『科学知識』誌上の「紫外線の話」で、紫外線の効果と関連して「神秘的関係」に言及している。さらに、一九三三年の『科学画報』に掲載された「太陽の神秘を解く」で有本邦太郎は、「太陽の神秘」や「科学の謎」、そして「肝油中の霊妙な作用」や「霊顕ある物質」といった表現を使っている。

一九四一年、前出の藤浪剛一は著書『紫外線療法』で紫外線治療と太陽崇拝との関係に言及しているが、これは藤浪だけではなかった。すでに一九三一年の『科学画報』では医学博士の大田一郎が「人工太陽の礼賛」で同様のことを述べており、一九三五年の『子供の科学』（「山

の光線　海の光線」)では理化学研究所長岡研究室理学士の二神哲五郎が、高山での宗教的禁欲主義と太陽との関係に言及していた。さらに一九三七年の芳山龍『育児の智識』では、くる病の問題と関連して、天然の食品には必要な栄養素が少ないが、この不足分は「天の配剤」である日光の直射を受けて補える、という表現を使っている。太陽には、宗教的な意味合いもあったのである。

太陽、ビタミンとナショナリズム

一九三八年、加茂正一は著書『現代生活と日光浴』の「はしがき」で、「日出《ひい》づる国の、日《ひ》子《こ》達、日女《ひめ》達」に、「日《ひ》の本《もと》」の国に生まれたのだからもっと太陽に親しんで、もっと元気な国民になることを呼びかけていた。加茂はここで、「日の神を国祖と崇め、日の丸を国旗と仰ぎ、日の本を国号として」いるとも述べているが、日光浴には、太陽崇拝を媒介として当時のナショナリズムと結びつく可能性もあったのである。

一方、日光療法と関連して「古代」を求めていた傾向についてはすでに述べたが、同様のことは日本でも見られる。波多野正は一九二七年の『科学知識』誌上(「紫外光線と栄養」)で太陽と関連して古代日本の神話に言及しており、一九三七年の『科学ペン』では関重広が「照明の発展」で天照大御神《あまてらすおおみかみ》や天の岩戸に言及している。

ところで、もっと科学・技術の顔をしたナショナリズムも存在していた。佐藤太平は、一九二六年に『婦人之友』に掲載された記事(「万病に特効ある紫外線(太陽灯)療法」)で、最初はドイツで作られた太陽灯だが、すでにドイツ製に比べて少しも劣らない、日本製のものも登場してきたと述べている。また一九三〇年の『科学画報』では、義屋満(理学士)という人物による「人工太陽灯と其の応用」という記事で、紫外線ランプは一九二四年ごろに国産化に成功しており、国産品の「アクメ人工太陽灯」は極めて優秀であると紹介している。さらに一九三一年、社内誌『マツダ新報』で東京電気株式会社の清水与七郎は、その前年に発売された同社の商品が、ドイツやアメリカの製品と比べても劣らないと誇らしげに宣言していた。

ただし、同時期においても冷静な意見は存在していた。たとえば一九二八年の『科学知識』(「紫外線の医治学的応用」)で医学博士の藤田宗一はドイツ製の方が優秀だと認めており、一九三〇年の『科学知識』で藤浪剛一は、工業独立という観点から国産品が奨励されてはいるものの、まだ幼稚なレベルであると評していた(「目醒めた医科電気」)。

一方、「ビタミン博士」というアイコンを擁する栄養科学分野では、〈日本の栄養学〉の成果を宣伝していた。一九二七年、波多野正は『科学知識』に掲載された「紫外光線と栄養」で、人間の食糧問題および動物の飼料問題に対する日本の貢献に言及している。また、有本邦太郎は一九三六年の『科学ペン』誌上で、「食味と栄養の相容れざる不都合」があると指摘しながらも、「やがて、日本科学力の進歩によって解決される」だろうと期待していた(「食味と栄養」)。また、東京帝国大学農学部農芸化学教室の中村延生蔵は、一九三九年の『科学画報』に寄せた「戦争と栄養」という記事で、日本における栄養科学の成果、特に「ビタミン博士」鈴木梅太郎の業績を強調している。

総力戦体制と「養鶏報国」

ところで、この「戦争と栄養」という記事で中村は、脚気とともに「日本人の体格」を気にしていたが、このように栄養や保健の問題は、総力戦体制の中では現実的な課題でもあった。山之内靖によると、現代的な総力戦体制において戦争(warfare)は社会福祉(welfare)を必要とする存在であった(山之内 二〇一五)。厚生省が設立されたのが一九三八年だったことからも推測できるように、健康の配分は、個人レベルにとどまらず、国家レベルの問題でもあったのである(鹿野 二〇〇一)。

このような時代において、タンパク源となるニワトリへの紫外線照射もう一度話題になってくる。一九四〇年の『農事電化』に掲載された米田義一「紫外線利用の育雛法」では、この方法により「血液の循環がよく新陳代謝が盛ん」になり、これは「養鶏報国」でもあると紹介している。

一方、波多野正は一九四三年に『養鶏飼料と配合法』を著しているが、ここで、「共栄圏内」において飼料が人間の食糧に転換されつつある状況を指摘し、ニワトリの発育の促進と産卵の増加によって「国家の要請」に応じるために、「養鶏家は常にビタミンDに留意するか、紫外光線に対して考慮しなくてはならない」と強調していた。また同年の『国防と電気』で菅秋由は、「太陽灯及びバイタライト電球を用いて雛の発育を促進させる」ことをアドバイスしていた。

「健康照明」と「銃後の護り」

もちろん、紫外線を浴びるのはニワトリだけではなかった。社会福祉が重視される総力戦体制においては、前述のように紫外線の公平な配分も重要な課題の一つとされていたのである。一九三三年に照明学会には「菫外線照明委員会」が設置されているが、『マツダ新報』によると、一九三八年には、この委員会には海軍艦政本部、陸軍軍医学校、東京電気株式会社、旭硝子、文部省体育課、内務省衛生局、伝染病研究所、東京工業大学、慶應義塾大学医学部からメンバーが参加しており、紫外線ランプに関する当時の軍産官学各セクターの関心がうかがえる。

紫外線は不可視光線なので「菫(紫)外線照明」とは形容矛盾ではあるが、一九三〇年代には電機業界を中心に「健康照明運動」が展開されていた。一九三六年、『マツダ新報』では三浦順一「健康照明に就いて」の中で「健康照明」の広がりを紹介している。また同年の『子供の科学』には東京電気照明学校の岡崎公男による「光りで身体を丈夫にする　健康照明早わかり」が掲載され、紫外線を人工的に補うための手段として「健康照明」が説明されている。一方、一九四二年の『科学朝日』にも「照明」が掲載されているが、ここで著者の原田常雄は、太陽の代用は明るさだけでなく紫外線も大事であると強調していた。

一九三八年、『マツダ新報』一〇月号及び一一月号の表紙には「健康照明は銃後の護《まも》り」というスローガンとともに「マツダ健康ランプ」の広告が掲載されている。図7(第3章扉)のポスターには富士山の前に兵士のような姿をした少年が登場しており、その上には太陽のように「健康照明」を発している電球が描かれている。

当時の『マツダ新報』には、「銃後」や「体位向上」といったキーワードが多数登場している。一九三八年には「マツダ健康ランプに就て」という記事で照明課の三浦順一が「銃後の護りを固めるための体位向上は現下の喫緊事」という文脈の中で「マツダ健康ランプ」を紹介しており、翌一九三九年の「昭和十三年に於ける照明界の回顧」では、「銃後国民の体位向上が叫ばれる今日」において一般家庭用だけでなく工場やオフィスなどにも強力な「健康線」を提供することが強調されている。また同年の石川安太「健康照明を提唱す」という記事でも「昭和の大業」を成し遂げるための「国民体位の向上」という表現が確認できる。

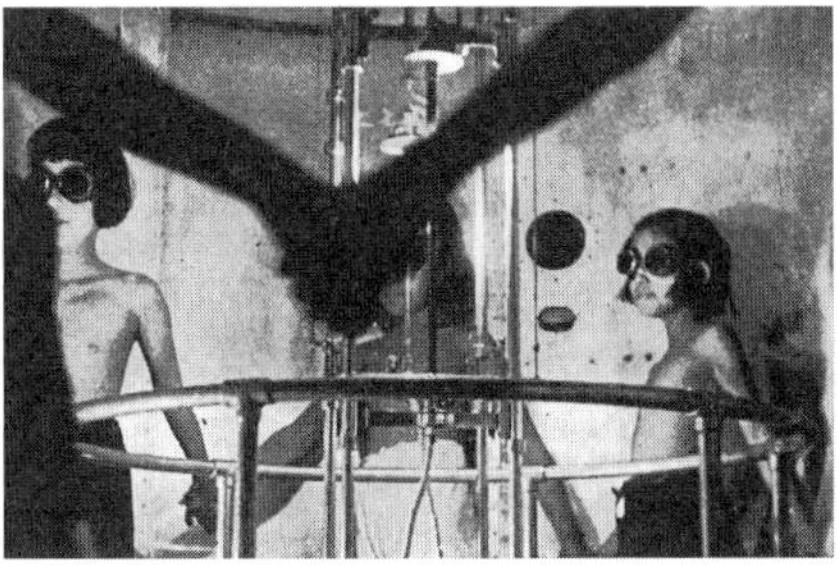

図12 「近代電機科学の一応用形態である太陽灯療法」
出典：『文化映画』1941年3月号

一九四一年の『文化映画』には図12のような写真が掲載され、少女たちが上半身裸でゴーグルを着用している光景が写っている。この写真には「近代電機科学の一応用形態である太陽灯療法」という説明が付いているが、この写真が何を意味しているのかについて説明はもう不要だろう。「裸」「ゴーグル」「近代電機科学」「太陽灯」といったキーワードがこの一枚の写真に凝縮されているのである。

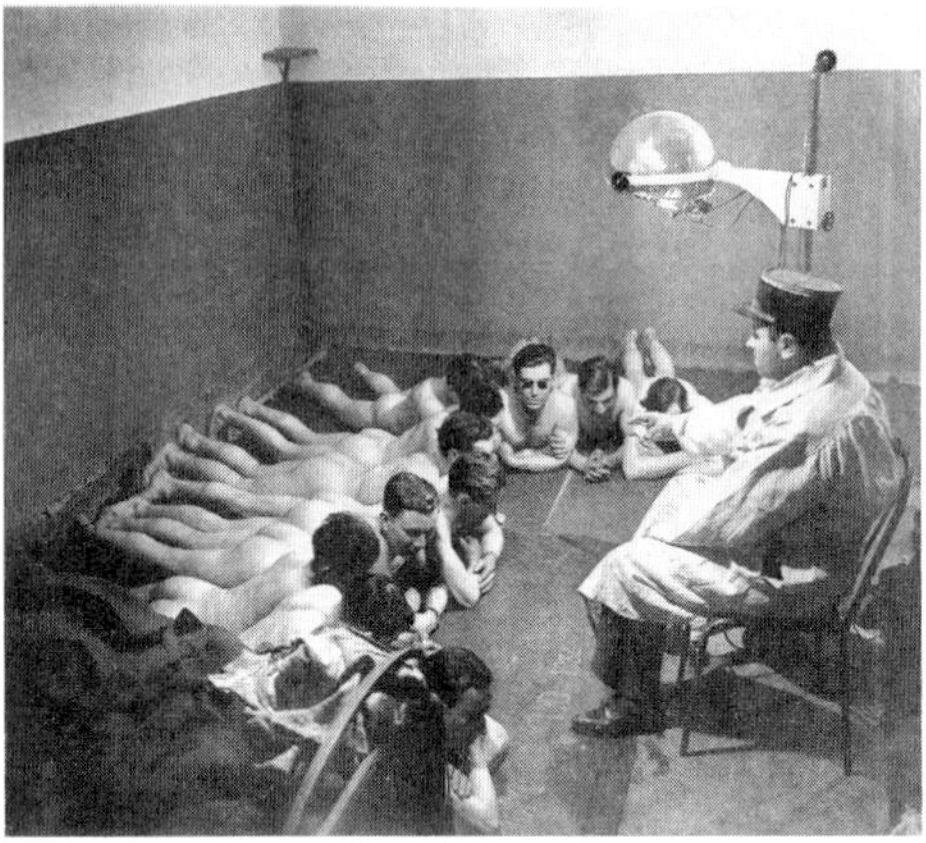

図13　マジノ線の兵士たちが紫外線照射を受けている光景
出典：“Allied Soldiers Get Artificial Sunlight to Offset War in Dark,” *Life*, April 8, 1940, p. 36. 撮影者は不明

兵士と労働者の健康管理

ところでこのような現象は、この時代において、日本に限ったことではなかった。写真雑誌『ライフ *Life*』一九四〇年四月八日号には、図13のように裸になっている男性たちの写真が掲載されている（右の帽子を被っている人は軍医）。そしてこの記事では、独・仏国境に築かれた要塞のマジノ線や潜水艦などに長期間滞在する兵士たちには日光の不足という「見えざる敵」が存在するため、壊血病、皮膚発疹、便秘、倦怠感など身体に不具合が生じやすく、そのためフランスやイギリスの兵士たちには定期的な太陽灯の照射や紫外線治療が必要だと説明している。紫外線ランプは、「銃後の護り」であるだけでなく、「戦線の護り」でもあったのである。

一方、フロインドやアップルの研究によると、アメリカにはもともとある懸念があった。日光療法やヌーディズムの発信地とされるドイツで人々がますます強健になっていく一方で、室内でホワイトカラーたちが真面目にデスクワークをこなし、学生たちが真面目に勉強をしているアメリカは弱体化していくのではないか、ということであった。アメリカでは一九三〇年代初頭からビタミンと労働生産性との関係について調査も行われ、紫外線不足のために風邪による欠勤が増えているという報告もあった。このような考え方を踏まえて、経営者の中には工場に人工紫外線の設備を設置する、または従業員に肝油やビタミン剤を配付する動きもあった(Freund 2012, Apple 1996)。紫外線やビタミンは、個人や家族の健康管理というレベルを超えていたのである。

日本でも、一九四四年に「労務管理全書」シリーズの一冊として有本邦太郎の『工場食糧管理』が刊行されている。ここで有本は、作業環境が紫外線に恵まれていない労働者は、「努めてビタミンDを摂取せねばならぬことは明白である」と訴えているが、「人工太陽灯照射による補強施設」が設けられ、十分に活用されている作業場は非常に少ないということが有本の現状認識であった。

「ビタミン戦争」

ビタミンDも、このような当時の体制に動員される対象であった。一九四二年、『栄養の日本』誌には川崎近太郎による「ビタミン戦争――隠れた飢餓」が掲載されているが、この記事では、カロリーやタンパク質だけでなくビタミンや無機塩類にも注目する必要があると強調しつつ、アメリカには紫外線照射牛乳も存在すると紹介している。畜産試験場の山本藤五郎は、一九四三年の『酪農事情』誌上で、英語圏の文献を参考にしながら「ビタミンDミルク」の製法について説明している。

一方、一九四二年には『体位向上とビタミンの科学』という本が刊行されているが、ここで著者の竹広登はビタミンDの問題を取り上げている。まず竹広によると、日本の農村部では主に食品中のビタミンDが不足し、都市部においては日光が不足していた。特に食品に関しては、ビタミンDの供給源は意外に少なく、外国ではかなり普及している紫外線照射牛乳も日本では少ないとしながら、植物にはビタミンDが含まれている証拠がないため、当時の日本においてほとんどの人はその摂取量が著しく少ないと指摘していた。このような状況で、シイタケに紫外線を浴びせた干しシイタケはビタミンDの貴重な供給源になる可能性があった。

また一九四四年には大政翼賛会文化厚生部編『生活環境と健康(保健教本)』も刊行されてい

るが、ここではいわゆる「文化生活」を自然から離れた「無自覚な不健康生活」だとしつつ、戦時下におけるその見直しを求めている。一方で、紫外線透過用のガラスは戦争のため入手は困難であり、代わりに日本紙やセロファン紙を使用することが期待されていた。

「翼賛型美人」

そして、戦時体制は紫外線をめぐる女性の行動にも変化を要求してくることになる。一九四二年は、現在の「母子健康手帳」の前身となる「妊産婦手帳」が始まった年であるが、この年に刊行された井上兼雄らによる『戦時下の青年学校家庭科経営』では、女性の場合ビタミンDが不足すると骨盤の発育が不良となり、妊娠中に欠乏すると母体の石灰が胎児に削り取られ、骨がもろくなって難産の原因となる、そして分娩後には骨格が変形して醜くなると説明している。ここまで言われると、気をつけざるを得ないだろう。

また竹広の『体位向上とビタミンの科学』でも、このようなことは早く治さないと生涯にわたってその痕跡を残し、特に骨盤の変形によって正常分娩できなくなると注意を促している。また胎児や乳児の健康のためにはビタミンDが必要だとしつつ、妊娠中および授乳中の女性にできるだけ動物の臓物を食することをアドバイスしながら、日本製のサプリメントについても紹介している。ただしこの本によると、現実は「動物性食品の配給が円滑ではない時代」であった。

それでは、美容観の方はどうなっていたのだろうか。前述したように、日本では一九一〇年代から「桜色」という表現は見られるものの、概ね大正期までは〈美白〉のために日焼けを防ぐことが主流だったようである。ところで、欧米社会においては本章で確認したように太陽を愛する動きとともに美容観も変化していき、セグレイヴによると、ファッション誌『ヴォーグ *Vogue*』が「一九二九年の女の子は日焼けしなければならない」という表現を世に出したのとほぼ同じ時期、アメリカでは「東洋的」な肌色も新しいファッションとして宣伝されるようになる(Segrave 2005)。ここにはオリエンタリズムが入る余地もあったのである。

このような海外の動向に対して、資生堂企業文化部編『創ってきたもの伝えてゆくもの』では、一九三〇年前後の日本には二つの傾向が見られたと述べている。紫外線ブームは、それまでの〈美白〉という観念に対する挑戦だったのである。一方、石田あゆうの研究によると、日本の化粧品各社は、一九三〇年代半ばから含鉛白粉を製造・販売できなくなると、従来の「白色」から「肌色」を強調するようになり、さらに一九三七年以降の経済統制の時代においては、化粧品が「奢侈品」ではなく「必需品」であることを主張するために、化粧品の科学性や機能性を強調するようになった。そしてこのような流れの中で「健康美」という概念、さらには「銃後の女性は健康化粧」というスローガンも登場してくるのである(石田 二〇〇四)。つまり、一九三〇年代末ごろからは日本における美容言説も変化していくようになったということである。

一九四〇年の『科学ペン』誌には橋本喬による「美容医学」という記事が掲載されているが、ここで橋本は、欧米人のために考えられた「洋風美容法」を、皮膚、体質が著しく異なる「有色東洋人」に適用しようとすると問題が生じると主張している。橋本によると、欧米人の皮膚は表皮のメラニン色素が「有色人たる我々より少ない」のであり、逆に一時期フランスなどでは「東洋趣味」がはやっていたとも述べながら、欧米の美容法を日本人が真似することについて批判的に取り上げている。

このように〈美白〉に対する挑戦が続く中、日焼けをめぐる議論にも変化が見られる。一九三八年、医学博士の式場隆三郎は『科学画報』に「夏の女」を寄稿し、「栗色になった皮膚は、白い時と又違った魅力がある」と主張している。また大阪帝国大学教授・医学博士の木下良順は、一九四二年の『科学朝日』に掲載された「日やけ」で、日光に当たらない人は皮膚が艶を失うと述べている。従来とは一味違う美容観が展開されつつあったのである。

ところで、このような美容言説の背景には政治的な文脈もあったようである。『健康観にみる近代』で鹿野政直は、一九四一年には「顔色つやつや日焼けは自慢」が「翼賛型美人」として称えられていたと紹介している。総力戦体制は、〈美〉をめぐる意識にも変化を求めていたといえる。

本章で確認したのは、不可視の紫外線が可視化する社会、文化と政治の姿であった。ミクロなレベルからマクロなレベルに至るまで、紫外線は社会の様々な領域に「入射」し、「反射」されていた。その「反射」のされ方は現在とはだいぶ違っていたのだが、それはその間にこの不可視光線を「反射」する社会が変わってきたからだろう。ただし、戦後になってもしばらくは、紫外線をめぐって今まで見てきたような状況が続くことになる。

第4章
戦後における紫外線

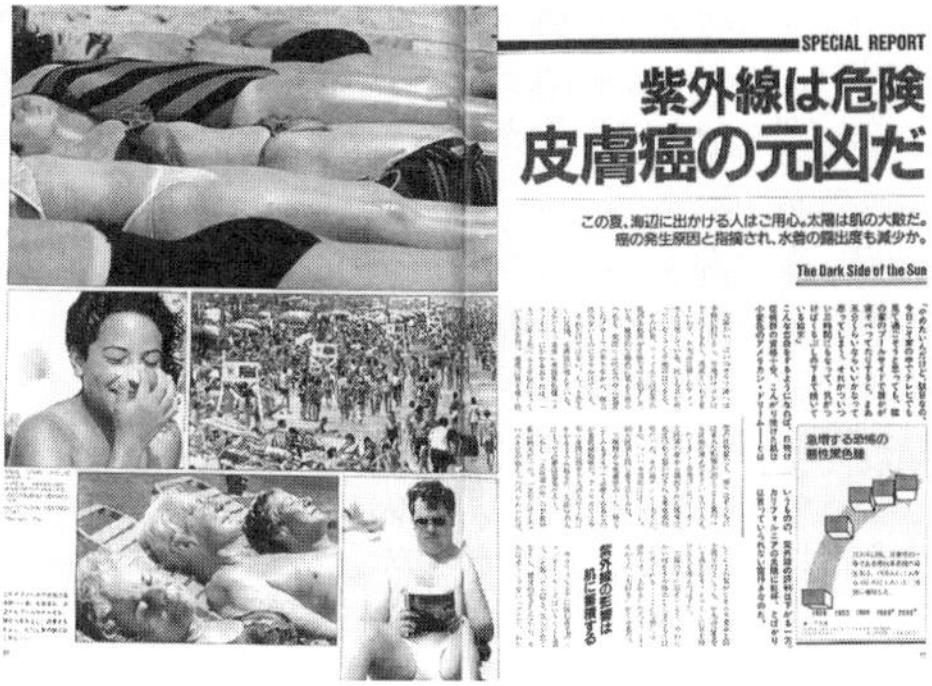

SPECIAL REPORT

紫外線は危険
皮膚癌の元凶だ

この夏、海辺に出かける人はご用心。太陽は肌の大敵だ。
癌の発生原因と指摘され、水着の露出度も減少か。

The Dark Side of the Sun

図14 「紫外線は危険　皮膚癌の元凶だ」
出典：『ニューズウィーク *Newsweek*』1986年6月26日号

一　求められ続ける光線

僕が一九五〇年に入学した室蘭市立天沢小学校保健室には太陽灯があった。保健室は二階北側の角で校長室の真上にあたっており、（中略）大きな円球状の太陽灯は眼を引いた。太陽灯は、結核性疾患（小児結核）の温床とされていた虚弱児に紫外線を照射して健康増進を図ろうと、一九三〇年代以降各地の小学校に広まった。

ここで引用しているのは、二〇〇五年に北海道大学の逸見《へんみ》勝亮《まさあき》副学長（当時）が『ほけかんだより』に寄稿した「太陽灯」というエッセーの一部である。これまでに確認してきたように、特に一九三〇年代以降、当時はまだ結核に対する効果も期待されながら、子どもの健康増進を目的として紫外線ランプが小学校などに普及していった様子が伝わってくる。そして戦後になっても、この小学校の保健室には紫外線ランプがあったのである。

マクドウェルは、第二次世界大戦の戦中と戦後、ロシアや北ドイツの大都市ではビタミンD不足が深刻な問題になっていたと述べている(McDowell 2013)。栄養不足はまだ現実的な問題だったのである。

一方でセグレイヴは、一九四八年ごろのアメリカ社会において、日焼けは「あたかもカリブ海でのバカンスから帰ってきたばかりのように」見せる視覚的な効果があったと述べている。また一九五一年にウェスティングハウス社が新設した事務所では、「風邪による欠勤を防ぐ安い保険」として人工の太陽光が供給された(Segrave 2005)。前章で確認したような、ファッションとしても、そして労働生産性を維持・向上する手段としても、紫外線は求められ続けていたのである。

一九五〇年代、六〇年代日本の教科書記述

それでは、ここで少し当時の日本の「常識」と関連して、教科書にも目を通してみよう。たとえば一九四九年に刊行された中等教育研究会の『中学家庭一』では、ビタミンDが不足すると骨や歯の発育に問題が生じるだけでなく、「かぜにかかりやすい」とも説明されている。また同年の『中学家庭　第一学年』(北陸教育書籍)では、「私たちは太陽からどんなめぐみを受け

ているだろう」と問いかけながら、「日光の入る家には医者が来ない」という格言も紹介されている。翌一九五〇年に刊行された『中学校第二学年用　家庭(改訂)』(教育図書)でも「日光のはいらない家には医者が見舞う。日当たりのよい家ではみんな健康に恵まれる」と述べられており、ここで太陽光線は〈恵み〉として登場している。

特に、一九五〇年、『衛生』(教育図書)では、「健康な住まい」という単元の中で、「紫外線は特に健康に影響があるので注意される」としながら、「強い紫外線には、結核菌を含め、殺菌作用がある」と説明しており、まだ結核に注目していた様子がうかがえる。一方でこの教科書では、強い紫外線による皮膚の火傷などのデメリットにも言及しているが、紫外線が少なすぎるとビタミンDの欠乏によってくる病が生じること、そして免疫機能が衰えていろいろな病気にかかりやすくなるとも述べている。紫外線は、どちらかというと健康を助ける存在として描かれているように見える。

このような傾向は、一九六〇年代の教科書にも見られる。一九六二年に刊行された『食物・保育・看護・住居・家庭経営(実教中学家庭B)』(実教出版)では、「母乳は幼児にとって、完全な、理想的な食事」であるとしながらも、「生後半年までは、ビタミンDを補」う必要があると説明されている。またそのページの脚注には、そのため、「ビタミンDの薬を飲ませ、日光浴をさせる」と書き記されている。ビタミンDが足りないことが母乳の唯一の欠点とされ、紫外線はそれを補完するための重要な手段として登場していたのである。

一九六七年の『食物Ⅰ（改訂版）』（実教出版）がビタミンDの効能、そして紫外線とビタミンDとの関係など、その有益な面を説明していることは序章でも紹介した通りだが、同年の『保健体育（見本版）』（一橋出版）では、特に冬の季節には日光の照射が少なく、紫外線量が不足しがちな富山県や新潟県などではくる病が多いとして、紫外線の不足を問題視している。またその二年後、一九六九年の『中学校新しい保健体育（改訂版）』（一橋出版）においても、序章でも紹介したように、ビタミンDの不足による病気として骨や歯の発育不良、そしてくる病に言及しているのだが、特にここでは、〈紫外線不足〉が環境問題の一つとして登場していた。この教科書では、以下のように記述されている。

> 自動車の排気ガスやじんあいなどで空気がよごれてくると、呼吸器のはたらきをそこなうばかりでなく、日光の紫外線もそれに吸収されて不足するので、健康に悪い影響をあたえる。

二〇世紀前半のアメリカや日本の言説空間でもそうだったように、一九六〇年代末の日本の教科書においても、紫外線ではなく紫外線不足こそが環境問題であり、健康問題だったのである。

当時の百科事典では

教科書が児童や生徒たちにその時代の「標準的」な知識を伝えるツールだとすれば、大人に対しては、各学界の知識を総合的にまとめた百科事典がそのような意味を持っているだろう。ここでは、同時代の百科事典として、一九六六年の平凡社編『国民百科事典(第二版)』の関連項目に目を通してみよう。

まず「紫外線」という項目では、その殺菌効果に言及するとともに、「皮膚に含まれるプロビタミンDは紫外線の作用でビタミンDに変わる。この物質は体内にカルシウムを沈着する作用をもつから、日光浴は骨の発育に有効である」と説明している。小項目の「紫外線療法」では、その適応症として、くる病に加えて、神経痛や各種リウマチ性疾患、結核性の諸疾患、そして円形脱毛症などに言及している。

また「ビタミン」の項目では、プロビタミンDが紫外線にあたるとビタミンDになると説明しつつ、ビタミンDが豊富な食品として肝油、肝臓(レバー)、卵黄、バター、魚などを紹介している。そしてこのビタミンDが不足すると生じる問題としては、まずは小児のくる病に言及しつつ、「成人でも妊娠、授乳中の婦人はD欠乏を起こしがち」で、「北陸、山陰など冬季に日照の少ない地方ではD欠乏に陥りやすい」と注意を促している。本書で見てきたような、紫外線量が少ない地域への関心、そして女性に注目するまなざしがここでも確認できる。

一方、「佝僂病《くるびょう》」に関しては「食物としてビタミンD摂取不足の場合と、日光浴不足（紫外線照射が不十分）の場合」があるとしつつ、後者の理由としては、「紫外線にあたることにより体内のプロビタミンDがビタミンDに変化するからである」と説明している。そして「母乳でも牛乳でも」ビタミンDが十分ではないとしつつ、アドバイスとしては「日光浴またはビタミンDの摂取」を提示していた。「母乳」言説や牛乳へのビタミンDの強化、そして〈日光浴の勧め〉など、本書で見てきた内容を思い出させる。

最後にこの「日光浴」についてだが、この項目ではまず、「可視光線、紫外線、赤外線などが総合的に身体に作用し、皮膚および全身の抵抗力の増進、ビタミンDの蓄積などの効果」があり、「健康の増進または病気の治療のために」利用されているとしつつ、以下のように付け加えている。

むかしは肺以外(骨、関節、皮膚、リンパ腺など)の結核に愛用され、くる病、関節リューマチ、貧血などにも応用されたが、今は補助的治療手段の一つにすぎない。

結核などの治療に「愛用」されていたのは「むかし」のことであり、「今」はその「補助的治療手段の一つ」に成り下がっている、ということである。

ただし、この「日光浴」という項目には、「紫外線はふつうのガラスでは大部分吸収されてしまう」という表現も見られており、紫外線を透すガラスの価値はここでも認められているといえる。また「紫外線」の項目では、紫外線を出す水銀灯について殺菌灯や健康ランプに使われると紹介しており、小項目の「紫外線療法」には、「医療用の紫外線発生装置の原理は水銀石英灯で、人工高山太陽灯あるいは単に太陽灯とよばれている」という説明がある。ここでも、「健康ランプ」や「水銀石英灯」、「太陽灯」などが登場してくるのである。また「日光浴」の項目でも「市販の紫外線治療器」に言及しているのだが、その効果が日光浴と「同一ではない」と付け加えている。

その四年後、一九七〇年の『東芝レビュー』には、「屋内で容易に日光浴ができる健康照明けい光ランプ『日照灯』」という記事が掲載されている(すでに述べた通り、紫外線ランプの開発に積極的だった東京電気株式会社は芝浦製作所と合併して東芝になっている)。この記事では、「健康照明」という概念を継承してきた「当社の紫外線技術を駆使」して、「日光による健康線量の不足」を「特別な時間、特別なへやなどを必要とせず、日常生活の中で十分」に「人工光源によって補」うことのできる「日照灯」が紹介されている。この「日照灯」が必要な理由としては、「最近の都市生活において人口の密度、ビル、工場の増加に伴い、日照の少ない所で働く人口が増加しており、また公害による大気汚染がひどくなり、地上に達する日光中の紫外線量が少なく、十分な健康線を摂取することがむずかし」いことが挙げられている。「健康線」が「大気汚染」によってさえぎられているため、それを「人工光源によって」補うテクノロジーについては、すでに第2章で確認した通りである。またここでも、前出の教科書『中学校新しい保健体育(改訂版)』と同様、〈紫外線不足〉が公害の問題と関連して取り上げられていることは注目に値する。

ところで、紫外線との関連ではもう一つの重要な産業分野がある。化粧品産業である。ポーラ文化研究所の『化粧文化PLUS 9』では、昭和三〇年代が「レジャー黎明期」であったとしつつ、日焼けが肌アレやシミ・シワの原因となるため、日焼けを防ぐことが重視されていたと述べている。たとえば、一九五八年の資生堂サンスクリーンの広告ポスターでは、「日やけを防ぐ！　資生堂サンスクリーン　海に・山に・ハイキングに…」という表現が確認できる。もはや「翼賛型美人」の時代ではなかったのである。

文化としての日焼け

ところが、欧米では日焼けがセレブのシンボルの一つとして定着しつつあった。セグレイヴによると、ギリシャの「海運王」と呼ばれ、アメリカのケネディ元大統領夫人ジャクリーンとの結婚でも話題になるオナシスは一九六〇年ごろ、「私はいつも忙しく見え、そしていつも日焼けしています」と述べている。また一九七一年には、自動車会社フォードの社長ヘンリー・フォード二世の夫人が、「私は太陽なしでは生きられません。私は一日中日光浴をして太陽に浸かることが好きです。全身を日焼けすることが好きです」と発言している(Segrave 2005)。

これは、まだ「肌の色」に対する差別的な行為が横行していた当時のアメリカの状況とは、一見矛盾する現象でもあった。しかし前章でも確認したように、もともと熱帯の植民地で日傘や帽子などで日差しを避けていたヨーロッパ系の人たちは、特に一九二〇年代以降〈太陽を愛する〉ようになり、美容観が変化してきたのである。一九六一年の『ライフ *Life*』誌では、「かって日焼けした肌は労働階級の表象だったが、今日のアメリカでは小麦色の肌がステータスシンボル化し、白人至上主義者でさえ日焼けを望んでいる」と報じていた(Segrave 2005)。

日本でも、一九六〇年代半ばから日焼けをめぐる新しい流れが見られるようになる。国立歴史民俗博物館編『身体をめぐる商品史』では、日本で日焼けが流行するのは一九六六年からだとしている。またポーラ文化研究所編『化粧文化 PLUS 9』によると、一九六四年に海外旅行が自由化され、「小麦色の肌」はある意味ステータスシンボルとなり、一九六六年には資生堂の「太陽に愛されよう」というキャンペーンが始まるのである。資生堂企業文化部編『創ってきたもの伝えてゆくもの』では、当時は「女性の社会進出」の時代でもあり、「日本で初めての海外ロケ(ハワイ)」も話題となり、上記のようなキャンペーンによって「おしろいではなくおくろい」という言葉がはやり、ポスターが盗まれるほどの人気ぶりだったと記述している。『資生堂百年史』と『資生堂研究所五〇年史』も加味して同社での動きをみると、一九六五年には「サンスクリーン」がテーマだったが、その後一九六六年には「サマーローション」、一九六七年には「一二〇日の太陽」、そして一九六九年には「ブロンズ・サマー」などのサマー・キャンペーンが展開されていくことになる。

二　健康・環境への見えざる敵

ところで、右記の国立歴史民俗博物館編『身体をめぐる商品史』によると、一九七三年からは「日本の美」と白い肌が宣伝されるようになり、一九七七年から一九八七年までは再び日焼けが流行するなど、〈美白〉と〈日焼け〉をめぐる動きは複雑に揺れ動いていくことになる。その背景には、健康観の変化、そして環境問題認識の変化もあったのではないかと思われる。

一九七〇年は「公害国会」の年としても知られているが、当時の環境問題をめぐって紫外線は両義的な意味を持っていた。一九七〇年の『日本総合愛育研究所紀要』に掲載された内藤寿七郎らの論文「都市における紫外線の減少と母子健康対策に関する研究」では、都市化による紫外線量の減弱とそれに伴うくる病の増加が問題視され、日光浴は奨励されている。相変わらず〈紫外線不足〉が環境問題として取り上げられていたのである。しかしながら、たとえば同年の『実業往来』には、「新公害・ロス型スモッグ　排気ガスプラス紫外線で発生」という記事が載っている。光化学スモッグが「新公害」として注目されていく中で、紫外線自体が環境を悪化させる要因の一部になりつつあったのである。

健康リスクへの注目

さらに紫外線は、健康問題としても問題視されつつあった。フロインドやセグレイヴによると、二〇世紀前半からすでに医療関係者などからは紫外線の健康リスクに関する注意が発せられていたもののあまり注目されず、一般的な関心が高まるのは一九七〇年代以降のことであった(Freund 2012, Segrave 2005)。紫外線をめぐって、従来の「健康の元」とは異なる、新しいイメージが台頭しつつあったのである。

たとえば、一九七五年の『厚生福祉』に掲載された「今夏のレジャーに異変か　日光浴有害説」は、日焼け、日射病、熱射病とともに皮膚がんに言及しながら、アメリカにおける「日光浴有害説」の動向について報告している。この記事の執筆者は、「日光は多くあびるべきであるという今までの通説はこれらによってだんだん変化していくと思われる。おそらくこの数年間のうちにこの風潮は日本にも移入されるかもしれない」と述べていたのだが、日本でも徐々に紫外線に対するイメージは変わっていくことになる。

アメリカでは、一九二〇年代末から一九三〇年代前半のブーム以降、長い間それほど注目されなかった紫外線ランプが、一九七八年ごろに再び注目の対象となり、アメリカ食品医薬品局

（FDA）はその安全性に関してSPF（Sun Protection Factor 紫外線防御指数）という基準を設定することになった。一方で化粧品業界は一九七五年ごろからはサンタンローションより日焼け止め用品を重視する傾向を見せ、一九七七年ごろになると各社が日焼け止めの指標となる数字やシンボルを製品に記載するようになった。さらに、一九八〇年代にはレーガン大統領夫妻の皮膚がん治療が報道されて話題になる。そして、一九八〇年代を通じて、紫外線のイメージは大きく変わり、人々と太陽とのつき合い方も変化していくことになる（Segrave 2005）。

地球環境問題の一つ

国際的にも重要な動きがあった。一九八〇年に環境庁（当時）の環境保健部保健調査室が作成した報告書『フロンガス問題について』によると、一九七六年に世界気象機関（WMO）はオゾン層の減少について警告する論文を発表し、一九七九年には世界保健機関（WHO）などによる健康リスク評価「環境保健クライテリア一四——紫外線」が発表された。そして先の報告書では、このクライテリアを引用しつつ、フロンガスやオゾン層減少の問題とともに「有害紫外線」に言及しているのである。リトフィンによると、かつては毒性も爆発性もない「奇跡の化学物質」とも言われていたフロンが、オゾン層破壊の問題が世界的に注目される中で規制の対象になるのだが(Litfin 1994)、同時に紫外線も警戒の対象になっていくのである。

外務省のホームページでは、その経緯について次のように説明している。少し長いが、ここで引用しておこう(改行は省略)。

(1) 地球を取り巻くオゾン層は、生物に有害な影響を与える紫外線の大部分を吸収しているが、他方で、冷蔵庫の冷媒、電子部品の洗浄剤等として使用されていたCFC(クロロフルオロカーボン)、消火剤のハロン等は、大気中に放出され成層圏に達すると紫外線による光分解によって塩素原子等を放出し、これが分解触媒となってオゾン層を破壊している。オゾン層の破壊に伴い、地上に達する有害な紫外線の量が増加し、人体への被害(視覚障害・皮膚癌の発生率の増加等)及び自然生態系に対する悪影響(穀物の収穫の減少、プランクトンの減少による魚介類の減少等)がもたらされている。

(2) このようなオゾン層破壊のメカニズム及びその悪影響は、一九七〇年代中頃から指摘され始め、その後、国際的な議論が行われ、(ア)一九八五年三月二二日に、オゾン層の保護を目的とする国際協力のための基本的枠組を設定する「オゾン層の保護のためのウィーン条約」が、(イ)一九八七年九月一六日に、同条約の下で、オゾン層を破壊するおそれのある物質を特定し、当該物質の生産、消費及び貿易を規制して人の健康及び環境を保護するための「オゾン層を破壊する物質に関するモントリオール議定書」が、それぞれ採択されるに至った。（強調は引用者）

ちなみに、この文書は「平成三〇〔二〇一八〕年一二月一九日」となっているが、「生物に有害な影響を与える紫外線」や「悪影響」という表現が目立ち、ある意味二一世紀初頭における紫外線のイメージを代表しているようにも見える。本章で確認したように、一九六〇年代の教科書などでは〈紫外線不足〉が環境問題として指摘されていたのだが、ここでは紫外線そのものが地球環境問題の一つを象徴しているのである。

一方、筆者はここで気象庁でも、環境省でも、厚生労働省でもなく、外務省のホームページから引用している。紫外線は、保健や環境に関する問題であるだけでなく、れっきとした国際政治の問題でもあるのである。

一九八〇年代の日本におけるイメージ転換

このように、一九八〇年代は紫外線のイメージが大きく変わっていく時代であった。たとえば、図14（第4章扉）は、日本語版『ニューズウィーク *Newsweek*』一九八六年六月二六日号の、「紫外線は危険　皮膚癌の元凶だ」という記事であるが、前述の「（レーガン）大統領の癌」に言及しつつ、「皮膚癌は日本人にも増えている」と報じている。

一方、美容関連分野もこのような変化には敏感に反応していた。水尾順一の『化粧品のブランド史』によると、日本の化粧品業界では「しみ、しわ、しらが」に対する「三S商品」が重視されていた。たとえば一九八〇年の『婦人生活』には銀座皮膚科クリニック院長で医学博士の堀内敏子による「日焼けは、肌の老化を早めます　この夏、後悔しないための紫外線防止対策」が掲載され、読者に対して「四十代で十歳も肌年齢が開いてしま」うので「二十歳を過ぎたら絶対に焼かない」ことをアドバイスしている。そしてこのような「紫外線防止対策」としては、いうまでもまく「日焼け止めクリーム」なども登場してくるのである。

資生堂企業文化部編『創ってきたもの伝えてゆくもの』によると、同社は一九八〇年に、紫外線の中のUVBから皮膚を守る目安としてSPFを「サンスクリーン」に表示し、紫外線に対するスキンケア専用の商品としては一九八五年に「ユーヴィーホワイト」を、また一九九〇年には美白成分「アルブチン」を用いた「ホワイトニングエッセンス」などを発売することになる。このように、「オゾン層の破壊に示されるような地球環境が問われる時代に入って、紫外線の問題が社会的にも改めてクローズアップ」される中で、紫外線はもう一度〈美容の敵〉となったのである。

根強く残る身体的表象としての日焼け

ところが、一九八〇年代のアメリカでは、紫外線に対するネガティブなシグナルにもかかわらず、日焼けには「ヘルシーでセクシー」というイメージが根強く残っていた。俳優のジョージ・ハミルトンやエリザベス・テイラーなどはそのシンボルであった(Segrave 2005)。一方、一九九〇年に日本の週刊誌『週刊宝石』には「ペニス日光浴、整体術――女性を歓ばせる」という記事が載っているが、この記事では「手っ取り早い男性強化法は、ペニスの日光浴」としながら、「黒々としたペニスは男性に自信を与え、女性の期待も高まるのです」という医師の見解も紹介している。

セグレイヴは、アメリカにおける変化にも言及している。一九七〇年代から一九九〇年代にかけてサンケア製品の売上げは急増しており、国際標準としてのUVインデックスも開発されるようになった。華やかな芸能界においても、たとえば一九九六年の場合、ウィノナ・ライダーやブリジット・フォンダ、グウィネス・パルトロウ、ミラ・ソルヴィノ、ニコール・キッドマンらが日焼けしない姿で登場してきた。しかしながら、二一世紀に入ったらまたブリトニー・スピアーズやクリスティーナ・アギレラのような新しい時代のスターたちが日焼けした姿でファンの前に現れるのである(Segrave 2005)。美容観は常に揺れ動いているようである。

一九九〇年の中学校保健体育の教科書では

それでは、同時代の日本の教科書では紫外線についてどのように説明していたのだろうか。ここでは一つの例として、一九九〇年の『中学校保健体育(新訂)』(大日本図書)に目を通してみよう。この教科書では、まず「調和のとれた栄養」という単元でビタミンDに言及しており、「日光のはたらき」という項目では、紫外線の殺菌作用に言及した上で以下のように述べている。

紫外線は赤血球を増やしたり代謝を促進するなど、いろいろの作用がある。さらに、紫外線は、からだのなかでプロビタミンDをビタミンDに変える作用があり、日光の豊富な地域にくる病が少ないのはこのためである。紫外線は夏に多く、冬に少ないので、夏のほうがビタミンDが多くつくられる。

と、紫外線のビタミンD以外の〈健康増進効果〉にも言及している。ただし「紫外線も赤外線も強過ぎると、皮膚の日焼けや目の障害を起こすので、長時間強い光線に当たるのはさけたほうがよい」という記述も見られる。

一方、「産業廃棄物や生活廃棄物などと健康被害」という項目では、

自動車の排出ガスや工場の煤煙が原因となって起こる光化学スモッグでは、それらのガスにふくまれている炭化水素や酸化窒素と、紫外線などが反応してつくられるオキシダントがもとで、呼吸器や目、のどなどを刺激し、呼吸困難が起こることがある。

と、光化学スモッグ問題と関連して紫外線にも言及している。ただし、「健康のための環境づくり」では、紫外線ではなく「日光」について、

むかしの状態であれば、きれいな空気を吸うことができ、また日光も十分に浴びることができる。草原や森林などの自然環境や、生活のための資源としての水や空気、日光などを

確保することは、わたしたちの生活と健康にとってたいへんたいせつなことである。

と、自然保護という側面から日光に言及している。一九九〇年の時点では、少なくとも中学校の教科書のレベルでは、まだ太陽はあまり嫌われてはいないという印象を受ける。

三　太陽を避ける時代へ

都合の悪い光線の一つ

ところで、少なくとも日本においては、紫外線をめぐって、一九九〇年代後半が一つの大きなターニングポイントだったようである。その一つの指標としては、日光浴を推奨する内容が、小児科医の教科書からも、「母子健康手帳」からも、一九九八年以降は消えたことである（市橋一九九九）。

一九九九年の『小児科診療』には「母子手帳から『日光浴』の消える日」が掲載されているが、この記事では、紫外線と関連して皮膚がんや白内障などのリスクが指摘されるようになった一方で、栄養の改善により、かつてのようにビタミンD不足を補うために日光浴を推奨する必要がなくなったことから、母子手帳の内容を一部改正して「日光浴」を「外気浴」にすることを厚生省や学会が容認したと説明している。

一方、一九九九年に刊行された佐藤悦久の『紫外線がわたしたちを狙っている』の序文では、燦燦《さんさん》とふりそそぐ太陽光線」が人間だけでなく「地球上のすべての生命」に必要であるにもかかわらず、「その素晴らしい太陽光線のなかに、実は、生命にとって都合の悪い光線もふくまれている」としつつ、紫外線を「都合の悪い光線の一つ」として挙げている。

東邦大学大橋病院皮膚科の斉藤隆三は、二〇〇〇年の『小児科』に掲載された「紫外線」で、紫外線による長期的な問題として、光老化、日光角化症、皮膚がんなどの腫瘍性変化などを挙げている。一方ここで斉藤は、栄養状態の改善によって、もはや日光の力を借りる必要がなくなったことで、一九九八年四月から「日光浴をしていますか」という文言が母子手帳から削除されたと説明している。もはや紫外線は〈有害〉なもの、日光の力は〈不要〉なものとされていたのである。二〇〇〇年に出版された『皮膚の光老化とサンケアの科学』でも編者の市橋正光は、紫外線が引き起こす問題の一つとして「皮膚の光老化」に言及している。

教科書の記述についても確認してみよう。二〇〇二年の『家庭基礎』(実教出版)では、「健康的で安全な住まい環境」という単元で、「日照には、さまざまな作用があり生活に欠かすことができない。適度な紫外線は、人体の新陳代謝やビタミンDの生成を促進し、強い殺菌作用は、細菌やバクテリアなどの病原体を死滅させる保健衛生上の効果がある」としながらも、「紫外線の殺菌作用は、細胞の遺伝子などを破壊するはたらきもあり、皮膚の炎症や皮膚がんを発生させることがある」として、メリットとデメリットを併記している。

二〇〇三年の『保健体育』（一橋出版）では、「環境汚染と健康」という単元で「フロン、ハロンなどによるオゾン層の破壊」に言及しながら、「地球をとりまいているオゾン層が破壊されると、有害な紫外線が直接地上に届き、皮膚がんなどの健康被害をもたらしたり」と説明している。紫外線について「有害」と表現しているのである。また「大気汚染と健康」という単元では、光化学スモッグの原因について「窒素酸化物や炭化水素」と「紫外線」との反応に言及している。二一世紀に入ると、教科書の記述でも紫外線は健康に「有害」であり、環境問題を悪化させる存在になっていくのである。

このようにして、〈健康問題としての、そして環境問題としての紫外線〉という二一世紀初頭の新しい〈常識〉が形成されてきたように思われる。そして気象庁でも日常的に「紫外線情報」を提供するようになったのである。気象庁のホームページでは以下のように説明している。

近年、紫外線を浴びすぎると皮膚がんや白内障になりやすいことが明らかになっています。さらに「オゾン層破壊」によって地上に到達する紫外線が増加していることから、世界保健機関（WHO）ではUVインデックス（UV指数）を活用した紫外線対策の実施を推奨しています。UVインデックスとは紫外線が人体に及ぼす影響の度合いをわかりやすく示すために、紫外線の強さを指標化したものです。国内では環境省から「紫外線環境保健マニュアル」が刊行され、この中でもUVインデックスに応じた紫外線対策の具体的な例が示されています。

こうした変化は、技術の進化の方向性にも影響を及ぼしている。二〇世紀初頭から紫外線を透すためのガラスが開発されていたことは本書ですでに確認した通りだが、近年は逆に紫外線をさえぎるためのガラスが開発されるようになったのである。『旭硝子一〇〇年の歩み』では、自動車メーカー（とユーザー）からの要請に応じて、同社が「世界初の自動車用UV&IRカットガラスの開発に成功」（UVは紫外線、IRは赤外線）したと紹介している。このように、ガラスという人工物は紫外線をめぐる人間の価値観に対して透明ではないといえる。技術の〈進化〉は、やはり社会的・文化的な〈環境〉からの影響を受けているのである。

紫外線はもう要らないのか？

ただし、太陽を避ける新しい文化に対しては反発も見られる。前出の『母子手帳から『日光浴』の消える日』では、日光浴推奨の削除に対して小児科医の多くはあまり賛同できないという意見が述べられている。その理由は、「子どもが太陽のもと溌溂《はつらつ》と元気に遊ぶことは子どもの身体発育のみならず、心の健全な発達のためにも」有益であり、「拒食症や不登校の子どもで日焼けした顔をしたものはいない」ということである。総合的に判断すると、やはり〈太陽に近い〉生活が子どもたちにとっていいという見解なのだろう。

ところで、フロインドによると、紫外線を避ける風潮と関連して、一九九〇年代後半からアメリカの医療界では、特にアフリカ系アメリカ人コミュニティの中でくる病の発症率が上昇しているという報告が見られるようになった(Freund 2012)。ちなみに、くる病の問題と関連して特定の集団に言及している例は、前章でも見た通りである。一方、アメリカの医学者リバーマンは、紫外線にはビタミンDを合成する役割だけでなく、血圧やコレステロールの低減、心臓の強化や性ホルモンの分泌増強などの効果もあるという意見を述べている(リバーマン 二〇〇五)。

日本のメディアでも、「過剰」な紫外線忌避を問題として報道している例が散見される。たとえば二〇一八年一〇月一五日付『朝日新聞』には「ビタミンD欠乏症の子増加中　過度な紫外線対策・食物制限が一因」という記事が掲載されているが、ここでは近年の「過剰な日焼け対策」と関連してくる病が急増しているという報告に言及している。一方、この記事では「ビタミンDのことは知らなかった」という母親の事例も紹介しながら、「母親が妊娠中に浴びる太陽光の不足も一因になっているとの報告」にも言及しているが、このような事例は前章で見た「科学的母性」の話を想起させる。なお、この記事では厚生労働省の「日本人の食事摂取基準」についても紹介している。

一方、二〇一九年一月二九日の『毎日新聞』にも「石狩鍋　ビタミンDを食べて免疫機能の向上を」という記事が掲載されている(インターネット版から引用)。この記事では、「インフルエンザや風邪などにかかりにくくするため免疫力をあげる栄養素のひとつとしてビタミンDが注目されている」としつつ、このビタミンDは「魚類やキノコ類に豊富に含まれているほか、日光(紫外線)を浴びることにより体内で作られる」が、「冬は日照時間の減少に伴ってビタミンDの産生に必要な時間が増えるため、日光浴以外にも食事などで摂取することが大事」であると説明している。またこの記事では、「ビタミンDは、不足すると骨が弱くなるほか、大腸がんなどのリスクを高めるとの報告もある」とも紹介している。

本書の冒頭で言及した環境省の「紫外線環境保健マニュアル二〇一五」でも、実は紫外線の健康リスクだけでなく、日光浴の必要性についても解説している。つまり、「ビタミンDは食物としては、きのこ類や脂身の魚類に多く含まれて」いるものの、「必要量を食事だけから摂るのは困難」で、「多くの人は必要ビタミンD（一日四〇〇―一〇〇〇単位、一〇―二五㎍）の半分以上を日光紫外線に依存しているのが現状」であるとしつつ、このビタミンDは、「最近では、カルシウムの代謝に関わる作用だけではなく、『骨外作用』として癌の予防や、感染症の予防、多発性硬化症や一型糖尿病などの自己免疫疾患の予防にも働いているといわれており、この方面の研究が精力的に進められて」いると説明している。またここでも、上記の記事のように「乳幼児のビタミンD欠乏症」の増加や「日焼けを避ける若年女性」の増加、妊娠中のビタミンD欠乏などについて指摘している。日光は、不要になったわけではないと述べているのである。

そして今後、保健衛生状況の変化などとともに、再び紫外線が脚光を浴びる時代が来るかもしれない。

筆者は医学や栄養学などに対しては門外漢なので、この問題に立ち入ることはできない。ただしここでは、少なくとも科学的な〈常識〉が時代によって大きく変容してきたこと、そして現在も知識は常に更新されているということだけはいえるだろう。これは、やや大げさにいうと太陽との付き合い方の変化であり、さらにいうと人間と自然との関係の変化でもある。このような変化の背景には科学・技術と社会・文化との相互作用が存在するはずだが、これについては終章で検討することにする。

終章　紫外線と人間・技術・文明

本書では、ある〈見えざる光〉を、主に二〇世紀の日本社会に照らし、そこから見えてくる光景を観察してきた。そしてその不可視光線が通る社会的・文化的な「媒質」は時代によって変化し、紫外線は時代とともに「屈折」してきたことを確認した。紫外線という不可視光線には、社会のある側面を可視化する力があるといえるのではないだろうか。

このような変化は、人類が長い間付き合ってきた、極めて日常的な存在である太陽光線との関係の変容でもあった。日差しを浴びることは、時には健康のためであり、時には健康に有害な行為であり、時には美容の敵であり、時にはステータスシンボルでもあったのである。

このことは、われわれが体で覚えているような身体感覚が、実は不変的なものではないことを物語っている。栗山茂久らは、人々の身体感覚は生物学的な要因だけで決まるのではなく、そこには社会的な要素の影響を受けながら変容していく「可塑性」も存在すると述べている（栗山・北澤編 二〇〇四）。同様のことは、時間感覚についても（橋本・栗山編 二〇〇一）、また虫との関係についても(瀬戸口 二〇〇九)指摘されている。

紫外線をめぐる知識と技術

ところで、身の回りに存在する自然に対する認識や態度は、人間が自然を知るための科学、そしてそれを利用するためのテクノロジーと関係しているはずである。紫外線をめぐって、まずは科学・技術の領域について検討してみよう。

紫外線は、ここまで見てきたように〈衣食住〉のすべてと関係しているため、本書では医学や栄養学、物理学や化学のような科学分野、そして化粧品や養鶏、電機やガラス、さらには建築などのテクノロジーが登場してきた。

これらの多くは、太陽光線と人間との距離を測るためのサイエンスであり、またそれを人為的にコントロールするためのテクノロジーであったといえる。本書で見てきたように、人々はその〈測定結果〉に反応しながら、それぞれの時代の「最先端」のテクノロジーを駆使して、場合によっては太陽光線を遠ざける技術を、そして場合によってはそれを引き寄せる技術を作ってきた。

科学は〈不変的な真理〉なのか

本書で紹介した過去の姿の中には、二一世紀初頭の観点からは理解に苦しむものもあるかもしれない。カーターによると、一九二〇年代後半には『イギリス紫外線療法ジャーナル *British Journal of Actinotherapy*』も創刊され、紫外線療法を専門化しようとする動きもあったが、結局この流れは医療の主流にはならなかった（Carter 2007）。一方でリバーマンは、抗生物質の発見以降、薬物療法が広がり、「太陽療法」には「インチキ万能薬」というイメージが付いたのではないかとも述べている（リバーマン 二〇〇五）。

ところが、一九二〇年代からの約半世紀間は、当時の一流の科学者や大手企業、そして当局やジャーナリズムも紫外線による医療や保健などに関心を示していた。その〈一流の科学者〉の一人、本書でも登場した物理学者の寺田寅彦は、一九一五年ごろのエッセー「科学上における権威の価値と弊害」で、光を粒子と見なしていたニュートンの事例などを挙げながら、「科学上の権威」の考えも後代にはそれが「誤り」になる可能性があることを説明している。逆に言うと、〈科学の常識〉の変化こそ、その間に科学が発展してきたことの指標になるかもしれない。

科学史家の中根美知代らは、『科学の真理は永遠に不変なのだろうか――サプライズの科学史入門』で次のように述べている。

歴史を意識して科学の理論を見ていくと、面白いことが分かります。それは、今、正しいと考えていること、教えられていることが、未来永劫に正しいとは限らないということです。

これからも科学が発展しつづければ、数百年後の科学者が二一世紀の科学から「誤り」を見つけることは、それほど難しいことでもないかもしれない。科学知識が常に更新されてきたために、過去の一流の科学者が現在の〈科学的な常識〉とは違う考え方を持っていたとしても、それは特に不思議なことではないのである。このような意味で、本書では〈発見の年表〉より少しは豊かなストーリーを描いてきたつもりである。太陽とわれわれとの間には、万華鏡のような世界が広がっていたのである。

紫外線をめぐる言説——「現代文明」「人種」「ジェンダー」

太陽と人間との関係について、序章で言及した〈第一の境界〉（地球の大気）と〈第二の境界〉（人工的な衣・住環境）をめぐっては、現代文明に対する価値観を見ることができる。主に第3章で確認したように、人工的な環境が健康に「有益」な紫外線を〈さえぎってしまった〉とされた時代には、それに対する反発として生活に紫外線を取り戻そうとする動きがあった。逆に、第4章で確認したように、現代技術文明が環境破壊によって「有害」な紫外線を〈透してしまった〉とされる時代になると、今度はその対策として、冷蔵庫の冷媒などで生活に便利さをもたらしていた人工物であるフロンや紫外線を生活環境から排除しようとする動きが見られるのである。

このように、紫外線をめぐる言説からは、それぞれの時代における環境問題認識や自然観を読み取ることができる。不可視光線の紫外線が、その変化を可視化してくれるのである。

ところで、紫外線に対する価値観には、上述のようにそれぞれの時代における〈現代文明批判〉的な要素が含まれているといえるのだが、一方で紫外線に対する〈第三の境界〉（人体の皮膚）をめぐっては、「文明」言説に関するもう一つの側面も見えてくる。

不可視の紫外線は人々の肌に可視的な痕跡を残しており、これが社会的・文化的、さらには政治的に解釈されてきたのも事実である。特に第3章でも確認したように、かつての帝国主義的な「文明のヒエラルキー」の中心地から主に発信されてきた紫外線言説は、「人種」言説とも無関係ではなかったのである（竹沢 二〇〇〇、坂野・竹沢編 二〇一六）。

セグレイヴによると、一九世紀末から船員や警察官、農民など、屋外で長時間働いている人々に「船乗りの肌」という症候が観察されており、紫外線は人々の肌に職業、または階級を可視化する表象を刻み込んできたことになるが、さらには皮膚がんなどと関連しては「白人の肌」が言及されることもあった(Segrave 2005)。フロインドやマクドウェルも、近年のアメリカやオーストラリアなどで、ビタミンD不足の問題と関連してエスニシティが言及されている事例を紹介している(Freund 2012, McDowell 2013)。

紫外線対策をめぐって、太平洋の向こう側の動きに対して、日本では「先進国」を見習うべきだという意見が見られる一方で(市橋 一九九九)、「皮膚色の違い」というフィルターが働いている様子もうかがえる。一九七五年、『厚生福祉』誌上でアメリカにおける動向を紹介した記事(「今夏のレジャーに異変か 日光浴有害説」)では、「白色人はわれわれ日本人と違って色素が少ないため皮膚が弱いせいか、日光浴が有害だという説が流れ出して」きたと述べていた。また、「日本人と違い米国人には皮膚がんが多いことは事実である」としつつ、「白色人と有色人の間には日光に対する体質的な相違があって、われわれ日本人は彼らほど日光の害(とくに皮膚がん)を敏感にうけとめる必要はないのではないか」ともコメントしていた。そしてほぼ四半世紀後の一九九九年の記事「母子手帳から『日光浴』の消える日」でも、「欧米(白人)における皮膚がんの罹患率」が高いことを紹介しながら、「外国(白人)のデータからものを言うことは危険」であると主張していた。

このように、ここでは「白人」を基準として、それとは違う「有色人」としての「日本人」を比較しているのだが、前出の環境省の「紫外線環境保健マニュアル二〇一五」でも、「日本人をはじめ有色人種では紫外線の皮膚がん発症への影響は白色人種に比べると少ないことがわかっています」と紹介しつつ、その一方で「皮膚色の薄い欧米人と比べて、皮膚色の濃いアジアやアフリカの人々がビタミンD欠乏症に陥りやすい事は良く知られています」とも説明している。

医学に対して門外漢である筆者には科学的な「事実」を吟味する能力はないが、少なくとも紫外線(について語ること)がいわゆる「人種」に対してニュートラルではない様子はうかがえる。第3章でも紹介したように、近年の人類学では「人種」という概念が生物学的に有効ではなく、むしろ「社会的構築物」であると強調していることを考えると、「人種」という言葉には注意が必要だろう。近年の科学史研究では、知識が形成される社会的・文化的な文脈にも注目している。

もう一つ、右記の〈第二の境界〉および〈第三の境界〉には、「日傘男子」という言葉で象徴されるようなジェンダーの問題も存在している。マクドウェルによると、現代のビタミンD不足の問題と関連しては、特に「母乳で子どもを育てる黒人の母親たち」について言及される場合があるが（McDowell 2013）、ここでは上述の「人種」とジェンダーの両方の問題が絡み合っているともいえる。

本書では、主に化粧品や「科学的母性」などをめぐってジェンダー関連の問題も登場してきた。隠岐さや香は、いわゆる「文系と理系」という問題と関連してジェンダーについても検討しているが（隠岐 二〇一八）、紫外線に関する科学知識は、当初から女性向けに積極的に発信されてきたという特徴がある。第4章でも見たように、「ビタミンD欠乏症の子増加中」という新聞記事では「特に若い女性のビタミンD不足を指摘する調査」が紹介されており、「紫外線環境保健マニュアル二〇一五」でも「日焼けを避ける若年女性」の増加や妊娠中のビタミンD欠乏に言及している。近年においても、紫外線とジェンダーをめぐる構図はそれほど変わっていないようにも見える。

針小棒大？

このように、紫外線は複雑な社会的・文化的文脈の中に位置づけられていることが見えてきた。そして、このような文脈は時代によって変わるものであり、その中で紫外線に関する知識や技術が持つ意味も歴史的に変容してきたといえる。

ところで、一九二〇年代後半から広がった紫外線ブームの時代と二一世紀の現在との間に横たわっているものとしては、特に医療関係者ならすでにお気づきかもしれないが、疾病構造や栄養状況、衛生環境の変化もあったはずである。そのような意味で、本書は実際問題としてはそれほど大きくなかったところを拡大して見せているのかもしれない。一九三一年に「ビタミン博士」の鈴木梅太郎がビタミンについて論じた時、主にビタミンDが問題となっていたのはアメリカで、日本ではむしろビタミンBが問題とされていた(「ヴヰタミン研究の回顧」)。前述のように、脚気という大きな問題があったのである。結核も深刻な問題だったが、この疾病に対して答えを出してくれたのは紫外線ではなかった。

一方、近年の問題とされている皮膚がんについて、「紫外線環境保健マニュアル二〇一五」によると、日本の場合「最も多いオーストラリアやニュージランドと比べて罹患率ではおよそ一〇〇分の一、死亡率でも四〇分の一から二〇分の一」となっている。

もし筆者が問題を針小棒大にしているのなら、本書は医学書ではないということでお許しいただきたい。

忘却の文脈

ただし、ここで読者の皆さんには、一九三三年に寺田寅彦が、当時の最先端技術の例として飛行機、ラジオとともに紫外線療法を挙げていたことだけは思い出していただきたい。このことから考えると、科学・技術の歴史を吟味する上で、紫外線の事例を検討することは無意味ではないだろう。飛行機やラジオに比べて、紫外線療法の〈その後〉はあまり知られていないのではないだろうか。

科学史分野では、長い間、主に知識が誕生し、発展するプロセスを取り上げてきたのだが、近年は知識が不在または消滅する局面も射程に入れている。無知や忘却にも文脈が存在する、ということである(Proctor et. al., 2008)。

前出の記事「ビタミンD欠乏症の子増加中」には「ビタミンDのことは知らなかった」という母親が登場していたのだが、これは果たして個人の問題なのだろうか。セグレイヴは、すでに二〇世紀前半から紫外線の悪影響について指摘されていたにもかかわらず、概ね一九六〇年代までこのような声は無視されていたと述べている(Segrave 2005)。逆に太陽光線を避ける風潮に対してリバーマンは、太陽と付き合ってきた長い進化の歴史を忘れているのではないかと疑問を呈している(リバーマン 二〇〇五)。このようなことを考えると、ある知識が無視される文脈、あるいは消される文脈にも注意する必要があるのではないだろうか。上記の母親は、紫外線に対するネガティブな情報が日常的に、特に多くの場合、女性向けに発信されてきた中で、ビタミンDのことは忘れさせられてきたのかもしれない。

ここまで読者の皆さんには、見えざる光が浮き彫りにする社会の一断面を見ていただいた。すでにお分かりいただいているように、本書は紫外線に関する実用的な情報を提供するものではない。ただし万華鏡は、あまり役に立たないかもしれないが、面白い。本書を読んでいただいた皆さんに、見えないものを通じて何かを見る楽しさを少しでも味わっていただけたのなら、著者としては嬉しい限りである。

あとがき

数年前から、私は特に夏場の晴天時にはサングラスを着用している（ただし、本書を執筆している時点でまだ「日傘男子」にはなっていない）。表向きの理由は「紫外線対策」なのだが、サングラスが同時にファッションアイテムにもなることを否定するつもりはない。本書で見てきたように、われわれの目には見えない紫外線は、実は変幻自在の顔を持っているのだ。

本書のテーマは、研究動向の調査からではなく、日常的な経験から生まれた。二枚の写真がきっかけだった。一枚目は、第3章にも載せているが、マジノ線の要塞に駐屯中の兵士たちが裸になって人工の紫外線を浴びている光景である。もう一枚は、私の親友である光云《クァンウン》大学（ソウル市）の姜泰雄氏が私に見せたもので、これも第3章に載せている。少女たちが上半身裸でゴーグルをしている光景である。そしてこの二枚の不思議な写真は、私が二枚目の写真を見た瞬間つながった。それは、博士研究の次のテーマについて漠然と考えていた時期だったが、そこに「紫外線」というキーワードが飛び込んできたのである。

着想を得たきっかけは偶然だったとしても、いざ研究を進めることになると、当然のことながら先行研究について調べなければならない。ただし、紫外線や日光をめぐって、社会的・文化的な文脈に注目しながら歴史的に分析した研究は、当時世界的にもそれほど多くはなかったと思う。ビタミンをめぐる知識や言説についてはアップルの研究があり(Apple 1996)、日焼けに対する態度の変化についてはランドルの論文があった(Randle 1997)。そして、鶏肉の大量生産と紫外線との関係についてはボイドの研究から学んだ(Boyd 2001)。私が紫外線に関する研究を発表し始めたのは二〇〇五年ごろからだが、二〇〇七年にはカーターの著書が刊行され(Carter 2007)、二〇一〇年代に入るとフロインド(Freund 2012)やウロシン(Woloshyn 2013)の研究が出版されるようになった。私自身の研究とある意味同時進行で行われていたこれらの研究から私は多くのことを学んだが、以上の著作では日本のことについてはほとんど触れていない。

ちなみに、私の博士研究論文は東京大学出版会のご厚意により『明治・大正の日本の地震学――「ローカル・サイエンス」を超えて』(二〇〇七)として刊行されたのだが、そのためか、私は一時期「地震学の専門家」だと誤解されたこともある。しかし、私は決して地震学の専門家ではない。

今回この本の刊行によって、今度は「紫外線の専門家」と誤解される恐れもあるが、何度も書き記しているように、私は医学や栄養学の専門家でもなければ、農学や工学に詳しいわけでもない。そのため、それぞれの分野の専門家の立場からすると本書の記述には誤りがあるかもしれないが、その場合の責任はもちろん私にある。

私は、科学・技術と関係がありそうな史料・資料を集めて、それを歴史的に吟味する仕事をしている(そしてこのような経験を踏まえて、大学生たちにアドバイスをしている)。ただし、本書は研究書ではないこともあり、この一世紀間の歴史が網羅できているわけではない。とりあえず現段階で私が知っている史料・資料たちに語ってもらうことにした。さらに、時間軸でいうと、戦後についてもっと詳細に史料調査を行えば、そして空間軸でいうと、戦前の旧植民地も含めて視野を広げれば、「万華鏡」の表情はもっと豊かになってくるだろう。さらにいうと、人々が「国境」を越えて、南から北へ、北から南へと絶えず移動しているトランスナショナルな現代において、世界各地におけるビタミンDの問題に着目すると、紫外線はより豊かな変幻自在の顔を見せてくれることだろう。

このような作業には時間もかかるが、お金もかかる。そうした意味で、日本学術振興会・科学研究費補助金から挑戦的萌芽研究「戦前日本における紫外線知識・言説の形成と変容に関する科学史・STS的分析」(課題番号：二六五六〇一四〇)として支援を受けられたことは非常に幸運であった。また、一般財団法人広島地球環境情報センターからも「二〇世紀後半の日本における紫外線知識・言説の変容に関する研究」(研究期間：二〇一七年七月〜二〇一八年三月)について研究助成のご支援をいただいた。紙面をお借りして感謝を申し上げたい。

人の話をする前にお金の話をしてしまい大変恐縮だが、ここでは、研究の「ネタ」を提供してくれた姜泰雄氏以外にも、神戸大学の塚原東吾氏と松本佳子氏、京都大学の瀬戸口明久氏、工学院大学の林真理氏、(私の恩師でもある)東京大学の橋本毅彦氏、そして全北大学の申東源氏など、貴重なアドバイスをくださった方々に感謝しなければならない。史料調査に際しては、神奈川県川崎市の東芝科学館(当時)、兵庫県芦屋市の三田谷治療教育院、大阪市西区のクラブコスメチックス文化資料室、東京都品川区のポーラ文化研究所、静岡県掛川市の資生堂企業資料館、国立国会図書館、東京大学総合図書館および駒場図書館、早稲田大学理工学図書館、国立教育政策研究所教育図書館、関西学院大学図書館、そして広島工業大学附属図書館などにも大変お世話になった。

また、本書の内容の一部は以下の文献に発表されていることを明記しておく。

Kim, Boumsoung, Yoriko Kato and Akio Hiramatsu, "Appropriating Scientific Knowledge: Using

and Providing Ultraviolet Ray Information in Japan," *Proceedings of the First World Congress of the International Federation for Systems Research*, 2005
金凡性「紫外線と社会についての試論——大正・昭和初期の日本を中心に」『年報　科学・技術・社会』第一五巻、二〇〇六年六月、七一〜九〇頁。
金凡性「紫外線をめぐる知識・技術・言説」『現代思想』第三五巻第一二号、二〇〇七年一〇月、一八七〜一九三頁。
金凡性「戦間期日本における紫外線装置の開発と利用」『科学史研究』第五一巻第二六一号、二〇一二年三月、一〜九頁。

最後に、本書の刊行に関して、岩波書店の渕上皓一朗氏、押田連氏、島村典行氏に心から感謝申し上げたい。

二〇二〇年三月

著　者

参考文献

1 読者の便宜のため，一次文献については〈事典・辞書〉〈教科書〉〈新聞〉〈大衆科学雑誌・一般誌〉〈専門誌〉〈社史・社誌〉〈単行本〉に分類した．

2 新聞・雑誌等の記事については，数の多い媒体から，年代順，タイトルの五十音順で並べた．なお，雑誌記事については，雑誌名のあとに巻数のみを示し，巻数が不明なものは(　)で号数を示した．

(1)一次文献(史料・資料)

〈事典・辞書〉
平凡社編『大百科事典』平凡社(1931)
冨山房百科辞典編纂部編『国民百科大辞典』冨山房(1934)
平凡社編『国民百科事典(第二版)』平凡社(1966)
伊東俊太郎他編『〈縮刷版〉科学史技術史事典』弘文堂(1994)
新村出編『広辞苑(第七版)』岩波書店(2018)

〈教科書〉
中等教育研究会『中学家庭一』中等教育研究会(1949)
北信教科用図書研究会『中学家庭　第一学年』北陸教育書籍(1949)
教育文化研究会『中学校第二学年用　家庭(改訂)』教育図書(1950)
教育文化研究会家庭委員会『衛生』教育図書(1950)
亘理ナミ他『食物・保育・看護・住居・家庭経営(実教中学家庭B)』実教出版(1962)
浅野均一・佐々木吉蔵『保健体育(見本版)』一橋出版(1967)
日本女子大学家庭科研究会編『食物I(改訂版)』実教出版(1967)
佐々木吉蔵他『中学校新しい保健体育(改訂版)』一橋出版(1969)
宇土正彦他『中学校保健体育(新訂)』大日本図書(1990)

参考文献

宮本みち子他『家庭基礎』実教出版(2002)
石川哲也他『保健体育』一橋出版(2003)

〈新聞〉
広告「アンチソラチン」『読売新聞』1916年10月10日
「日焼を防ぐ　女の陽傘」『読売新聞』1919年3月21日
梶尾年正「紫外線の話(一)　凡ての光線に含まる」「紫外線の話(二)　白と黒二重張の陽傘」「紫外線の話(三)　目を傷め日に焼ける」「紫外線の話(四)　宝石の鑑定や戦時信号に」『読売新聞』1923年10月26, 28, 30, 31日
「日に焦げぬ法と日焦げを防ぐ法」『読売新聞』1924年6月8日
上前多三郎「暑いうちに皮膚を鍛へなさい　太陽の光線や熱線を充分身体に取入れて」『読売新聞』1926年8月5日
「健康の元　紙を使って紫外線を室内へ　今の硝子ではだめ」『読売新聞』1928年8月24日
「総ゆる慢性病を治す驚異的光線　エチエスライトの発見者杉田平十郎氏の談」『読売新聞』1929年2月16日
「都市生活者には怖ろしい　煤煙の脅威！ 大切な紫外線は妨げられるし」『読売新聞』1932年2月9日
「紫外線浴室を貧困児に無料開設」『読売新聞』1933年2月21日
「皮膚と関係深い　紫外線　人工の太陽光線(二)」「皮膚を強くする　太陽光線　人工の太陽光線(三)」『東京朝日新聞』1928年7月2, 3日
石川仁一郎「せむし病の新治療剤　ビタミンDの話　最近発見されたその本体」『東京朝日新聞』1929年3月16日
有本邦太郎「ヴィタミンの話　その種類と性質その他(四)」『東京朝日新聞』1930年8月6日
「どこが好適か　大東京の住宅地」『東京朝日新聞』1933年9月2日
「理想的スポーツ　それは水泳とスキー　行け！ 雪の山へ」『東京朝日新聞』1933年11月23日
「太陽灯基金に一万円寄付　故川上子爵の遺志」『東京朝日新聞』1937年2月9日

「ビタミンD欠乏症の子増加中　過度な紫外線対策・食物制限が一因」『朝日新聞』2018年10月15日
小南又一郎「紫外線は色々の犯罪をあばく 1〜7」『大阪毎日新聞』1927年10月4〜10日
「石狩鍋　ビタミンDを食べて免疫機能の向上を」『毎日新聞』2019年1月29日(インターネット版)
「『男性も日傘を』　熱中症対策　環境相呼びかけ」『毎日新聞』2019年5月22日(インターネット版)

〈大衆科学雑誌・一般誌〉
井上正賀「新しい健康法　太陽こそ健康の源」『科学画報』5(1925)
板津饒「紫外線療法の実際」『科学画報』5(1925)
原田三夫「太陽を人工で作る話」『科学画報』6(1926)
佐藤功一「窓と日光」『科学画報』9(1927)
山田幸五郎「紫外線の話」『科学画報』10(1928)
朝比奈貞一「紫外線を透過させるヴァイタグラスの話」『科学画報』11(1928)
――「窓ガラスの新代用品　セログラスとフレクソグラス」『科学画報』11(1928)
山川亀吉「紫外線通信の不思議」『科学画報』12(1929)
石川知福「瑞西の高山サナトリウム巡り(一)」『科学画報』13(1929)
川端男勇「夏の科学　日やけの防ぎ方」『科学画報』13(1929)
奥貫一男「驚異すべき生物体の紫外線放射」『科学画報』14(1930)
寮佐吉「紫外線顕微鏡の驚異」『科学画報』14(1930)
義屋満「人工太陽灯と其の応用」『科学画報』14(1930)
「人工太陽と動物」『科学画報』16(1931)
伊藤奎二「人工光線と換気を利用した窓なし建築物」『科学画報』17(1931)
大田一郎「人工太陽の礼賛」『科学画報』17(1931)
鈴木梅太郎「合成食品は完成近し」『科学画報』19(1932)

永井潜「人間栄養の原理と其天則」『科学画報』19(1932)
秋葉朝一郎「日光浴の最新学説」『科学画報』20(1933)
吉城肇蔚「紫外線顕微鏡の驚異」『科学画報』21(1933)
有本邦太郎「太陽の神秘を解く」『科学画報』21(1933)
杉本良一「医者の見たスキー・スポーツ」『科学画報』22(1934)
有本邦太郎「太陽と生命の神秘」『科学画報』23(1934)
二神哲五郎「夏の太陽をあばく」『科学画報』23(1934)
有本邦太郎「都会の健康を奪ふもの」『科学画報』25(1936)
式場隆三郎「夏の女」『科学画報』27(1938)
中村延生蔵「戦争と栄養」『科学画報』28(1939)
柴田桂太「高山植物と紫外線」『科学知識』1(1921)
「紫外線で病気が治る」『科学知識』2(1922)
西村三吉「結核の光線療法」『科学知識』3(1923)
桜井季雄「紫外線除けの新眼鏡」『科学知識』5(1925)
───「紫外線の話」『科学知識』6(1926)
波多野正「紫外光線と栄養」『科学知識』7(1927)
二神哲五郎「水銀灯の話」『科学知識』7(1927)
「運動家や鉱夫に紫外線の利用」『科学知識』8(1928)
高岡斉・川上祐雄「紫外線による物質の鑑定」『科学知識』8(1928)
藤田宗一「紫外線の医治学的応用」『科学知識』8(1928)
「アイスクリームとくる病」『科学知識』9(1929)
「紫外線三題」『科学知識』9(1929)
「紫外線で処理された鶏卵と鶏」『科学知識』9(1929)
関重広「新しい電球と照明の新傾向」『科学知識』10(1930)
「結核療養飛行船」『科学知識』10(1930)
藤浪剛一「目醒めた医科電気」『科学知識』10(1930)
鈴木梅太郎「ヴキタミン研究の回顧」『科学知識』11(1931)
杉江重誠「窓ガラスの話」『科学知識』11(1931)
神戸勝二「ヴイタミン研究の展望」『科学知識』12(1932)
高野六郎「健康と空気と日光」『科学知識』12(1932)
森於菟「皮膚の色の話」『科学知識』14(1934)
小酒井不木「科学探偵小説　紫外線」『子供の科学』3, 4(1926)

山田幸五郎「紫外光線の応用　医療科学の驚異」『子供の科学』8(1928)
本間清人「人工太陽灯の作り方」『子供の科学』15(1932)
児玉東一「紫外線と蛍光」『子供の科学』16(1932)
黒沢四郎「電気を応用した医療器械」『子供の科学』16(1932)
松岡登「郊外に出でよ」『子供の科学』19(1934)
二神哲五郎「山の光線　海の光線」『子供の科学』21(1935)
有本邦太郎「太陽を食べよ」『子供の科学』22(1936)
岡崎公男「光りで身体を丈夫にする　健康照明早わかり」『子供の科学』22(1936)
野沢典美「お医者さんの使う電気」『子供の科学』23(1937)
「紫外線を身体へ注射する」『子供の科学』23(1937)
「不思議なヴイタミンの働き」『子供の科学』24(1938)
有本邦太郎「食味と栄養」『科学ペン』1(1936)
関重広「照明の発展」『科学ペン』2(1937)
湯浅謹而「工業都市と環境」『科学ペン』5(1940)
橋本喬「美容医学」『科学ペン』5(1940)
井口あぐり子「体育は美人を産む」『婦女界』4(1911)
「結核性関節炎の全快」『婦女界』19(1919)
三須裕「七難かくす色白の方法」『婦女界』24(1921)
小田俊三「海水浴と海気浴の注意」『婦女界』32(1925)
豊福環「哺乳児のバロー氏病と佝僂病」『婦人画報』(271)(1928)
川口秀史「万能の紫外光線の話」『婦人画報』(289)(1929)
広告「太陽光線療法」『婦人画報』(291)(1929)
原田常雄「照明」『科学朝日』2(1942)
木下良順「日やけ」『科学朝日』2(1942)
ルイズ，マリー「色を白くする法」『婦人公論』1(1915)
小口みち「美人となるの法」『婦人公論』1(1915)
佐藤太平「万病に特効ある紫外線(太陽灯)療法」『婦人之友』20(1926)
佐々廉平「日光浴と空気浴，海水浴と温泉浴」『文藝春秋』6(1928)
「研究室概観　東京電気株式会社研究所(一)」『科学』2(1932)

鷲見瑞穂「都市生活者とビタミンD」『糧友』11(1936)
堀内敏子「日焼けは，肌の老化を早めます　この夏，後悔しないための紫外線防止対策」『婦人生活』34(1980)
「紫外線は危険　皮膚癌の元凶だ」『ニューズウィーク』1986年6月26日号
「ペニス日光浴，整体術——女性を歓ばせる」『週刊宝石』10(1990)
逸見勝亮「太陽灯」『ほけかんだより』(54)(2005)

〈専門誌〉
「蚕児電灯飼育に就て(二)」『農事電化』4(1930)
「紫外線の蚕卵に及ぼす関係実験」『農事電化』5(1931)
米田義一「紫外線利用の育雛法」『農事電化』14(1940)
田代義徳「洋服常用者に是非共勧めたき日光浴健康法」『実業の日本』18(1915)
酒井谷平「行き詰まった独墺医学界の最新現象——欧洲到る処に歓迎励行せらるる紫外線療法」『実業の日本』25(1922)
長岡半太郎「菫外線に就き」『東洋学芸雑誌』34(1917)
鈴木梅太郎「光線と栄養の関係」『東洋学芸雑誌』43(1927)
佐々木林治郎「紫外線による食物の鑑定に就て」『日本農芸化学会誌』3(1927)
平塚英吉・佐々木林治郎「紫外線を投射したる食物の色に就て」『日本農芸化学会誌』3(1927)
「日光浴の有害作用」『中外医事新報』(714)(1909)
佐藤寿「菫外線にて多量の水を殺菌する件」『農学会報』(99)(1910)
長岡半太郎「英米視察談」『照明学会雑誌』5(1921)
「麹町上六小学校の日光浴室」『児童研究』30(1926)
波多野正「偉大の力——紫外線に関する実験」『家禽界』17(1927)
佐々木周郁・桂応祥「蚕に対する紫外線の作用について」『九州帝国大学農学部学芸雑誌』3(1927)
加藤七三他「蚕体に及ぼす紫外線の影響(第一報)」『熊本医学会雑誌』3(1927)

田村均「小児科領域に於ける紫外線の新研究」『診断と治療』14(1927)
「紫外線と釣」『釣之研究』3(1928)
山田幸五郎「紫外線の作用と応用」『工業評論』14(1928)
――「窓硝子と紫外線」『東洋建築材料商報』18(1928)
不破橘三「紫外線透過硝子に就て(其の一)」「紫外線透過硝子に就て(其の二)」『大日本窯業協会雑誌』39(1931)
高岡慎吉「電照養蚕灯に就て」『電気工学』21(1932)
「近代電機科学の一応用形態である太陽灯療法(写真)」『文化映画』1(1941)
岡彦一「紫外線による小麦の蛍光に就て」『日本作物学会記事』13(1941)
――「紫外線による穀物の蛍光の研究―第一報　穀物の蛍光に関する文献の調査」「紫外線による穀物の蛍光の研究―第二報　小麦粒の蛍光に就て，特に蛍光による小麦の品種鑑識の可能性」『農学研究』33(1942)
川崎近太郎「ビタミン戦争―隠れた飢餓」『栄養の日本』11(1942)
山本藤五郎「ビタミンDミルク」『酪農事情』4(1943)
「新公害・ロス型スモッグ　排気ガスプラス紫外線で発生」『実業往来』(220)(1970)
内藤寿七郎他「都市における紫外線の減少と母子健康対策に関する研究」『日本総合愛育研究所紀要』5(1970)
「今夏のレジャーに異変か　日光浴有害説」『厚生福祉』(2423)(1975)
「母子手帳から『日光浴』の消える日」『小児科診療』62(1999)
斉藤隆三「紫外線」『小児科』41(2000)

〈社史・社誌〉
旭硝子株式会社社史編纂室『旭硝子100年の歩み』(2007)
資生堂『資生堂百年史』(1972)
資生堂研究所50年史編集部会編『資生堂研究所50年史』(1989)
資生堂企業文化部編『創ってきたもの伝えてゆくもの―資生堂

文化の一二〇年』(1993)
東京芝浦電気株式会社マツダ支社編『東京電気株式会社五十年史』東京芝浦電気(1940)
東京電気株式会社『我社の最近二十年史——マツダ新報二十周年記念』東京電気(1934)
東京電灯株式会社編『東京電灯株式会社開業五十年史』(1936)

「紫外線とマツダランプ」『マツダ新報』2(1915)
「新製品紹介　バイタライトランプ」『マツダ新報』17(1930)
清水与七郎「昭和五年度に於ける照明界の進歩」『マツダ新報』18(1931)
「太陽エキスの壜詰」『マツダ新報』18(1931)
鈴木岩雄「電灯会社の増収策とバイタライト・ランプ」『マツダ新報』19(1932)
正木俊二「光化学的効率を以って目標とするのは誤謬」『マツダ新報』19(1932)
砂田茂「バイタライトランプ販売商戦に就て」『マツダ新報』22(1935)
三浦順一「健康照明に就いて」『マツダ新報』23(1936)
原島進「菫外線の生理作用に就て」『マツダ新報』25(1938)
広告「健康照明は銃後の護り」『マツダ新報』25(1938)
「照明学会に於ける菫外線照明委員会」『マツダ新報』25(1938)
三浦順一「マツダ健康ランプに就て」『マツダ新報』25(1938)
石川安太「健康照明を提唱す」『マツダ新報』26(1939)
「昭和十三年に於ける照明界の回顧」『マツダ新報』26(1939)
「紫外線の生理的効果」『芝浦レヴュー』4(1925)
「屋内で容易に日光浴ができる健康照明けい光ランプ『日照灯』」『東芝レビュー』25(1970)

〈単行本〉
有本邦太郎『工場食糧管理』東洋書館(1944)
市橋正光『健康と紫外線のはなし—日焼けが皮膚がんをおこす』DHC(1999)

市橋正光編著『皮膚の光老化とサンケアの科学』フレグランスジャーナル社(2000)
井上兼雄他『戦時下の青年学校家庭科経営』全国青年学校教員協会(1942)
海野十三『赤外線男　他六編』春陽堂書房(1996)
加茂正一『現代生活と日光浴』文友堂(1938)
環境庁環境保健部保健調査室『フロンガス問題について』(1980)
佐藤太平『紫外線療法(特に太陽灯療法)(第三版)』診断と治療社出版部(1929)
佐藤悦久『紫外線がわたしたちを狙っている』丸善(1999)
白井紅白『酪農と牛乳』田辺書房(1932)
菅秋由『国防と電気』日進社(1943)
鈴木梅太郎「ヴィタミンに就て(昭和弐年拾月拾参日御進講)」『研究の回顧(伝記・鈴木梅太郎)』大空社(1998)
鈴木孝之助『肺結核療養法』(1926)
大政翼賛会文化厚生部編『生活環境と健康(保健教本)』翼賛図書刊行会(1944)
竹広登『体位向上とビタミンの科学』文晃書院(1942)
寺田寅彦「科学と文学」小宮豊隆編『寺田寅彦随筆集　第四巻』岩波書店(1948)
――「科学上における権威の価値と弊害」『寺田寅彦全集　第五巻』岩波書店(1997)
長谷川銕一郎『空気・日光・水』逓信大臣官房保健課(1927)
波多野正『養鶏飼料と配合法』鶏の研究社(1943)
藤浪剛一『紫外線療法』南山堂書店(1941)
二神哲五郎『東京市に於ける太陽の紫外線』成蹊高等女学校(1932)
――『紫外線・赤外線』鉄塔書院(1933)
矢野雄『家庭科学大系第 67　育児学』文化生活研究会(1928)
山田幸五郎『紫外線』岩波書店(1929)
芳山龍『育児の智識』(1937)
リバーマン，ジェイコブ(飯村大助訳)『光の医学―光と色がもたらす癒しのメカニズム(第七版)』日本教文社(2005)

Hart, E. B. et. al., "The Nutritional Requirements of Baby Chicks," *Journal of Biological Chemistry* 58, 1923
"Allied Soldiers Get Artificial Sunlight to Offset War in Dark," *Life*, April 8, 1940

(2)二次文献(歴史書，論文など)

石田あゆう「1931〜1945年化粧品広告にみる女性美の変遷」『マス・コミュニケーション研究』65(2004)
伊東章子「女性と科学の親和性──ナショナル・アイデンティティの回路としての科学言説」『立命館言語文化研究』15(2004)
岡本拓司「ノーベル賞文書からみた日本の科学，1901年〜1948年──北里柴三郎から山極勝三郎まで」『科学技術史』(4)(2000)
隠岐さや香『文系と理系はなぜ分かれたのか』星海社(2018)
鹿野政直『健康観にみる近代』朝日新聞社(2001)
金凡性「紫外線と社会についての試論──大正・昭和初期の日本を中心に」『年報　科学・技術・社会』15(2006)
───「紫外線をめぐる知識・技術・言説」『現代思想』35(2007)
───「戦間期日本における紫外線装置の開発と利用」『科学史研究』51(2012)
栗山茂久・北澤一利編著『近代日本の身体感覚』青弓社(2004)
畔柳昭雄『海水浴と日本人』中央公論新社(2010)
国立歴史民俗博物館編『身体をめぐる商品史』(2016)
後藤五郎編『日本放射線医学史考　明治大正篇』日本医学放射線学会(1969)
坂野徹・竹沢泰子編『人種神話を解体する2　科学と社会の知 Knowledge』東京大学出版会(2016)
鈴木淳『日本の近代15　新技術の社会誌』中央公論新社(1999)
瀬戸口明久『害虫の誕生──虫からみた日本史』筑摩書房(2009)
竹沢泰子「社会的構築物としての人種概念に関する理論的考察」文部省科学研究費補助金研究成果報告書(1999〜2000)

田中聡『健康法と癒しの社会史』青弓社(1996)
中尾麻伊香『核の誘惑――戦後日本の科学文化と「原子力ユートピア」の出現』勁草書房(2015)
――「物理療法の誕生――不可視エネルギーをめぐる近代日本の医・療・術」栗田英彦他編『近現代日本の民間精神療法――不可視《オカルト》なエネルギーの諸相』国書刊行会(2019)
中根美知代他『科学の真理は永遠に不変なのだろうか――サプライズの科学史入門』ベレ出版(2009)
成田龍一「衛生意識の定着と『美のくさり』― 1920年代, 女性の身体をめぐる一局面」『日本史研究』(366)(1993)
橋爪紳也・西村陽編『にっぽん電化史』日本電気協会新聞部(2005)
橋本毅彦・栗山茂久編著『遅刻の誕生』三元社(2001)
原克『ポピュラーサイエンスの時代』柏書房(2006)
――『図説　20世紀テクノロジーと大衆文化』柏書房(2009)
福田眞人『結核の文化史――近代日本における病のイメージ』名古屋大学出版会(1995)
宝月理恵『近代日本における衛生の展開と受容』東信堂(2010)
ポーラ・オルビスホールディングスポーラ文化研究所編『化粧文化 PLUS 8』(2015)
――『化粧文化 PLUS 9』(2016)
ポーラ文化研究所編『モダン化粧史―粧いの八〇年』ポーラ文化研究所(1986)
眞島亜有「『黄色人種』という運命の超克」前掲『近代日本の身体感覚』所収
水尾順一『化粧品のブランド史』中央公論社(1998)
山之内靖『総力戦体制』筑摩書房(2015)

Apple, Rima D., *Vitamania: Vitamins in American Culture*, Rutgers Univ. Press, 1996
Bay, Alexander R., *Beriberi in Modern Japan: The Making of a National Disease*, Univ. of Rochester Press, 2012
Boyd, William, "Making Meat: Science, Technology, and American

Poultry Production," *Technology and Culture* 42, 2001
Carter, Simon, *Rise and Shine: Sunlight, Technology and Health*, Berg, 2007
Freund, Daniel, *American Sunshine: Diseases of Darkness and the Quest for Natural Light*, Univ. of Chicago Press, 2012
Litfin, Karen T., *Ozone Discourses: Science and Politics in Global Environmental Cooperation*, Columbia Univ. Press, 1994
McDowell, Lee R., *Vitamin History, the Early Years*, Univ. of Florida, 2013
Mizuno, Hiromi, *Science for the Empire: Scientific Nationalism in Modern Japan*, Stanford Univ. Press, 2009
Nye, David E., *Electrifying America: Social Meanings of a New Technology*, MIT Press, 1990
Peña, Carolyn T. de la, *The Body Electric: How Strange Machines Built the Modern American*, New York Univ. Press, 2003
Proctor, Robert N. and Londa Schiebinger, *Agnotology: The Making and Unmaking of Ignorance*, Stanford Univ. Press, 2008
Randle, Henry W., "Suntanning: Differences in Perceptions throughout History," *Mayo Clinic Proceedings* 72, 1997
Rowbottom, Margaret, and Charles Susskind, *Electricity and Medicine: History of Their Interaction*, San Francisco Press, 1984
Segrave, Kerry, *Suntanning in 20th Century America*, McFarland, 2005
Woloshyn, Tania,"'Kissed by the Sun': Tanning the Skin of the Sick with Light Therapeutics, c. 1890–1930," *A Medical History of Skin: Scratching the Surface*, Pickering & Chatto, 2013

金 凡 性

1972年，韓国浦項市生まれ．2005年，東京大学大学院博士後期課程修了．博士(学術)．
北陸先端科学技術大学院大学研究員，日本学術振興会外国人特別研究員(神戸大学)，東京大学特任助教，広島工業大学准教授を経て，
現在―広島工業大学環境学部教授
専攻―科学史
著書―『明治・大正の日本の地震学――「ローカル・サイエンス」を超えて』(東京大学出版会，2007年) ほか

紫外線の社会史
――見えざる光が照らす日本　　岩波新書(新赤版)1835

2020年5月20日　第1刷発行

著　者　金《キム》 凡《ボム》 性《ソン》

発行者　岡本 厚

発行所　株式会社 岩波書店
〒101-8002 東京都千代田区一ツ橋2-5-5
案内 03-5210-4000　営業部 03-5210-4111
https://www.iwanami.co.jp/

新書編集部 03-5210-4054
https://www.iwanami.co.jp/sin/

印刷・三陽社　カバー・半七印刷　製本・中永製本

ISBN 978-4-00-431835-4　　Printed in Japan

岩波新書新赤版一〇〇〇点に際して

ひとつの時代が終わったと言われて久しい。だが、その先にいかなる時代を展望するのか、私たちはその輪郭すら描きえていない。二〇世紀から持ち越した課題の多くは、未だ解決の緒を見つけることのできないままであり、二一世紀が新たに招きよせた問題も少なくない。グローバル資本主義の浸透、憎悪の連鎖、暴力の応酬——世界は混沌として深い不安の只中にある。

現代社会においては変化が常態となり、速さと新しさに絶対的な価値が与えられた。消費社会の深化と情報技術の革命は、種々の境界を無くし、人々の生活やコミュニケーションの様式を根底から変容させてきた。ライフスタイルは多様化し、一面では個人の生き方をそれぞれが選びとる時代が始まっている。同時に、新たな格差が生まれ、様々な次元での亀裂や分断が深まっている。社会や歴史に対する意識が揺らぎ、普遍的な理念に対する根本的な懐疑や、現実を変えることへの無力感がひそかに根を張りつつある。そして生きることに誰もが困難を覚える時代が到来している。

しかし、日常生活のそれぞれの場で、自由と民主主義を獲得し実践することを通じて、私たち自身がそうした閉塞を乗り超え、希望の時代の幕開けを告げてゆくことは不可能ではあるまい。そのために、いま求められていること——それは、個と個の間で開かれた対話を積み重ねながら、人間らしく生きることの条件について一人ひとりが粘り強く思考することではないか。その営みの糧となるものが、教養に外ならないと私たちは考える。歴史とは何か、よく生きるとはいかなることか、世界そして人間はどこへ向かうべきなのか——こうした根源的な問いとの格闘が、文化と知の厚みを作り出し、個人と社会を支える基盤としての教養となった。まさにそのような教養への道案内こそ、岩波新書が創刊以来、追求してきたことである。

岩波新書は、日中戦争下の一九三八年一一月に赤版として創刊された。創刊の辞は、道義の精神に則らない日本の行動を憂慮し、批判的精神と良心的行動の欠如を戒めつつ、現代人の現代的教養を刊行の目的とする、と謳っている。以後、青版、黄版、新赤版と装いを改めながら、合計二五〇〇点余りを世に問うてきた。そして、いままた新赤版が一〇〇〇点を迎えたのを機に、人間の理性と良心への信頼を再確認し、それに裏打ちされた文化を培っていく決意を込めて、新しい装丁のもとに再出発したいと思う。一冊一冊から吹き出す新風が一人でも多くの読者の許に届くこと、そして希望ある時代への想像力を豊かにかき立てることを切に願う。

（二〇〇六年四月）